大型施工总承包工程 BIM 技术
研究与应用

李久林　等著

中国建筑工业出版社

图书在版编目(CIP)数据

大型施工总承包工程 BIM 技术研究与应用/李久林等
著 . —北京：中国建筑工业出版社，2014.12
ISBN 978-7-112-17375-4

Ⅰ.①大… Ⅱ.①李… Ⅲ.①大型建设项目-建筑设
计-计算机辅助设计-研究 Ⅳ.①TU201.4

中国版本图书馆 CIP 数据核字（2014）第 242960 号

本书既是对北京城建集团十多年来 BIM 技术研究与应用成果的系统
总结，也是作者对如何实现大型建筑工程的数字化建造进行的探索和思
考。全书共分为五篇，分别为：综述篇（大型建筑工程的数字化建造）、
国家体育场篇（国家体育场施工信息化管理实践、基于 IFC 标准的建筑
工程 4D 施工管理系统、建筑工程多参与方协同工作网络平台系统、国家
体育场钢结构工程施工信息管理系统）、昆明新机场篇（昆明新机场机电
设备安装与运维管理实践、基于 BIM 的航站楼机电设备安装 4D 管理系
统、基于 BIM 的机场航站楼运维信息管理系统）、英特宜家购物中心篇
（北京英特宜家购物中心工程 BIM 集成应用实践）、专业应用篇（BIM 在
大型施工总承包工程中的专项应用）。本书既有理论研究，也有应用实践，
图文并茂，可读性、指导性强。本书既可为大型施工总承包工程的 BIM
实施提供参考借鉴，也可作为大专院校相关专业师生教学参考。

＊　　＊　　＊

责任编辑：刘　江　范业庶
责任设计：李志立
责任校对：李美娜　刘　钰

大型施工总承包工程 BIM 技术研究与应用

李久林　等著

＊

中国建筑工业出版社出版、发行（北京西郊百万庄）
各地新华书店、建筑书店经销
北京红光制版公司制版
北京市书林印刷有限公司印刷

＊

开本：787×1092 毫米　1/16　印张：11¾　字数：285 千字
2014 年 11 月第一版　2015 年 12 月第二次印刷
定价：**35.00** 元
ISBN 978-7-112-17375-4
（26164）

编写委员会

总顾问：徐贱云　陈代华

顾　　问：张晋勋　樊　军　吴继华　谭晓春

主　　编：李久林

副 主 编：张建平　颜钢文　段先军

编写人员：（按姓氏笔画排序）

马智亮　王　勇　王大勇　方项伟

刘丙宇　李浓云　吴大鹏　余芳强

张　正　林佳瑞　胡振中　郭春雨

曹旭明

序　言

　　北京城建集团是以工程承包、地产开发、城轨建设、园林绿化、物业经营、投资融资为六大支柱产业的大型综合性建筑企业集团，具备房屋建筑工程、公路工程施工总承包双特级资质。城建集团是"中国企业500强"、"世界225家最大国际承包商"之一，荣获"中国最具影响力企业"和"全国优秀施工企业"称号。北京城建集团优质高效地完成了国家体育场、国家大剧院、国家博物馆、国家体育馆、北京奥运会篮球馆、奥运村、首都机场2、3号航站楼、银泰中心等国家和北京市重点工程，以及国内外多个城市的地铁和高速公路等重大工程建设，71次荣获中国建筑业"鲁班奖"、国家优质工程奖和詹天佑大奖。

　　2003年，城建集团中标国家体育场（鸟巢）工程总承包施工，开启了我们探索和应用BIM的历程。众所周知，鸟巢工程钢结构采用编织结构，大量应用无固定线型的空间弯扭构件，上万个构件中相同构件只有两个，整个工程国内外参施单位近200家。同时，作为举世瞩目的奥运工程，北京市委市政府要求总承包商管理到每一块钢板、每一条焊缝、每一个焊工。没有信息技术的应用，如何有效管理这样一个复杂工程的建设难以想象。按照举集团之力、融社会之智的思路，我们先后与清华大学土木系开展了"基于IFC标准的4D施工管理系统"和"多参与方协同工作管理平台系统"的研究，与中国建筑科学研究院开展了"项目管理平台及钢结构管理平台"的研究，研究与应用成果填补了国内多项空白，达到了国际先进水平。其中，4D施工管理系统获得了2009年华夏建设科技进步一等奖，为鸟巢工程的圆满完工作出了重要贡献。

　　之后，在承建的昆明新机场中，作为该工程机电安装工程总承包商，我们与业主、清华大学等单位一道开发应用了"基于BIM的昆明新机场机电设备安装4D管理系统与信息知识管理平台"，将4D施工管理系统推广应用到机电安装工程，并开发了机场运维管理系统和机电安装知识平台。专家鉴定该项目在多领域多专业协同施工和管理大型复杂工程的研究和应用方面属国内首创，达到国际领先水平，获2013年云南省科技进步奖。

　　最近由我集团总承包施工的北京英特宜家购物中心工程在中国图学学会举办的第二届全国BIM大赛获得了一等奖。"BIM在英特宜家购物中心施工中的应用"除了BIM建模和4D施工管理之外，实现了4D施工管理和项目综合管理数据的双向集成，使BIM在更大范围支撑项目实现精细化管理。

　　上述几个项目仅仅是BIM在集团大型总承包工程应用的代表，在混凝土结构、钢结构、机电安装和幕墙等专业施工领域应用也越来越广。在集团勘测设计板块，尤其是城市轨道交通工程领域BIM正在迅速普及。地产开发板块也有多个项目在推进BIM应用，尤其是发挥集团全产业链优势，在自己开发、设计、施工和运维的物业项目上进行BIM的集成应用。

　　目前，集团已经把BIM应用作为提升市场竞争力和项目管理水平的重要抓手，在集团各产业板块全面推广应用。首先,在 BIM 的应用上,我们始终坚持需求导向,以解决工程技术和管理问题为根本出发点,以提高工程项目管理水平为目标,其次,BIM 的研究与示范推广相结合,与国内一流的科研和专业单位合作,形成开放共赢的局面。同时,大力开展 BIM 培训,培养一批掌握 BIM 技术的工程技术和工程管理人员。此外,积极探索 BIM 与现代施工技术融合,实现真正的数字化建造和智慧建造。

李久林等编写的这本《大型施工总承包工程 BIM 技术研究与应用》一书,既是对北京城建集团十多年来 BIM 技术研究与应用成果的系统总结。同时,也是作者对如何实现大型建筑工程的数字化建造进行的探索和思考。我相信本书会对国内相关大型施工总承包项目的 BIM 应用策划与实施有很好地参考、借鉴意义。

（北京城建集团有限责任公司董事长、党委书记）

2014 年 9 月 9 日

前　言

目前，我国正在进行着世界最大规模的基本建设。建筑工程作为基本建设的重要组成部分，特别是大型公共建筑，随着我国经济和社会快速发展日益增多。大型公共建筑一般都投资巨大，同时具有建设过程复杂、多样、建造周期长等特征。如果能够引入工业上成熟的数字化技术和管理方法进行大型建筑工程的建造，将会对提高建筑工程的安全和质量水平，降低人工和劳动强度、加快建造速度、实现绿色建造具有重要意义。

北京城建集团是国内最早开展 BIM 和数字化建造技术研究与应用的单位之一，先后在国家体育场、昆明新机场、北京英特宜家购物中心等大型施工总承包工程中集成应用多项 BIM 技术进行数字化建造实践，在集团负责施工的几十项工程中不同程度的应用了 BIM 技术。本书由五个篇章构成：第一篇综述篇、第二篇国家体育场篇、第三篇昆明新机场篇、第四篇英特宜家购物中心篇、第五篇专业应用篇。

本书的编写人员既有多年从事 BIM 相关研究的专家学者，也有常年奋战在工程生产一线的高级技术管理人员。因此本书的内容既包括行业前沿的研究探索，又包括实际的项目应用实践。本书可为大型施工总承包工程的 BIM 实施提供参考、借鉴。

本书的具体编写分工如下：李久林、王勇、王大勇编写第 1、2、5 章，张建平、李久林、胡振中、吴大鹏、张洋编写第 3 章，马智亮、李久林、顾卫华编写第 4 章，颜钢文、张建平、张正、余芳强编写第 6、7、8 章，段先军、张建平、方项伟、林佳瑞编写第 9 章，刘丙宇、李浓云、曹旭明、张士彤编写第 10 章。全书由李久林、王勇统稿。

本书在编写和审核的过程中，得到了有关专家和业内同行的大力支持和帮助，在此编者表示衷心感谢。

由于编者水平有限，书中难免存在不足之处，恳请广大读者给予指正。

编　者

目　　录

第一篇　综　述　篇

第1章　大型建筑工程的数字化建造 ··· 3

1.1　国家体育场工程的数字化建造实践 ·· 3

　　1.1.1　三维建模及仿真分析 ··· 4

　　1.1.2　工厂化加工技术 ·· 7

　　1.1.3　机械化安装技术 ·· 7

　　1.1.4　精密测控技术 ·· 9

　　1.1.5　结构安全监测 ··· 11

　　1.1.6　信息化管理 ·· 13

　　1.1.7　小结 ·· 13

1.2　昆明新机场机电设备安装与运维管理实践 ······································ 14

　　1.2.1　基于BIM的航站楼机电设备安装4D管理系统 ··························· 14

　　1.2.2　基于BIM的机场航站楼运维信息管理系统 ···························· 16

　　1.2.3　小结 ·· 20

1.3　北京英特宜家购物中心工程BIM集成应用实践 ··································· 20

　　1.3.1　BIM集成应用方案 ·· 20

　　1.3.2　BIM模型的创建与深化设计 ·· 20

　　1.3.3　基于BIM的4D施工管理 ··· 22

　　1.3.4　基于BIM的项目综合管理 ··· 23

　　1.3.5　小结 ·· 23

1.4　大型建筑工程的集成化数字建造 ··· 23

　　1.4.1　大型公共建筑的发展趋势 ··· 24

　　1.4.2　数字化建造存在的问题 ··· 24

　　1.4.3　数字化建造的发展趋势 ··· 25

　　1.4.4　基于BIM的集成化数字建造 ··· 25

第二篇　国　家　体　育　场　篇

第2章　国家体育场施工信息化管理实践 ·· 29

2.1　概述 ··· 29

　　2.1.1　工程概况 ·· 29

　　2.1.2　工程的特点与难点 ·· 30

　　2.1.3　项目信息化建设的总体思路 ··· 31

2.2　国家体育场工程总承包信息化项目简介 ················ 32
2.2.1　硬件、网络系统建设 ···························· 32
2.2.2　总承包综合信息化管理平台系统 ·················· 33
2.2.3　建筑工程多参与方协同工作网络平台系统 ·········· 34
2.2.4　建筑工程 4D 施工管理系统 ······················ 34
2.2.5　钢结构信息化管理系统 ·························· 35
2.2.6　视频监控 ···································· 36
2.3　信息化系统建设完成情况 ···························· 37
2.4　国家体育场工程信息化实施效果 ······················ 37

第 3 章　基于 IFC 标准的建筑工程 4D 施工管理系统 ············ 39
3.1　系统概述 ······································ 39
3.1.1　应用背景 ···································· 40
3.1.2　关键技术 ···································· 40
3.2　4D 施工管理系统需求调研及分析 ···················· 41
3.2.1　可视化的施工指挥平台 ·························· 41
3.2.2　形象的施工进度管理 ···························· 41
3.2.3　动态的施工资源管理 ···························· 42
3.2.4　3D 施工场地布置 ······························ 42
3.2.5　施工过程基础数据管理 ·························· 42
3.3　基于 IFC 的建筑工程 4D 施工管理系统的设计与开发 ·········· 43
3.3.1　系统整体架构设计 ······························ 43
3.3.2　4D-GCPSU 系统的开发应用平台 ·················· 45
3.3.3　系统开发过程 ································ 45
3.4　4D-GCPSU 系统的应用实践 ························ 47
3.4.1　用户管理 ···································· 47
3.4.2　工程管理 ···································· 48
3.4.3　数据修改控制 ································ 48
3.4.4　创建 3D 模型 ································ 50
3.4.5　创建 WBS 和进度计划 ·························· 51
3.4.6　3D 工程构件的创建及管理 ······················ 52
3.4.7　创建 4D 模型 ································ 53
3.4.8　4D 施工进度管理 ······························ 54
3.4.9　施工信息查询与管理 ···························· 56
3.4.10　4D 施工过程模拟 ······························ 58
3.4.11　4D 资源动态管理 ······························ 59
3.4.12　4D 施工场地管理 ······························ 62
3.5　应用效果 ······································ 65

第 4 章　建筑工程多参与方协同工作网络平台系统 ············ 67
4.1　系统概述 ······································ 67

4.2　国内外发展现状与趋势 ·· 68

4.2.1　建筑工程网络协同工作平台的分类及本系统的定位 ·········· 68

4.2.2　国内外发展现状与趋势 ·································· 69

4.3　协同工作网络平台的设计与开发 ································ 70

4.3.1　系统需求概述 ·· 70

4.3.2　建筑工程协同工作模型 ································ 70

4.3.3　功能设计 ·· 73

4.3.4　结构设计 ·· 74

4.3.5　接口设计 ·· 75

4.3.6　系统的开发 ·· 75

4.4　系统应用实践 ·· 77

4.4.1　进入系统 ·· 77

4.4.2　工程文档管理 ·· 78

4.4.3　工程图档管理 ·· 80

4.4.4　工程视档管理 ·· 81

4.4.5　决策支持 ·· 83

4.4.6　文档离线填报 ·· 84

4.5　应用效果 ·· 84

第5章　国家体育场钢结构工程施工信息管理系统 ···················· 87

5.1　系统概述 ·· 87

5.2　系统的需求分析与开发 ·· 87

5.2.1　系统的功能需求分析 ·································· 87

5.2.2　立项及开发情况 ······································ 88

5.2.3　系统用户权限设置 ···································· 89

5.2.4　系统技术框架 ·· 93

5.2.5　网络设置 ·· 94

5.2.6　系统的模块划分 ······································ 95

5.3　系统应用实践 ·· 96

5.3.1　OA 管理 ··· 96

5.3.2　构件管理 ·· 97

5.3.3　质量管理 ·· 98

5.3.4　工程管理 ·· 100

5.3.5　技术管理 ·· 100

5.3.6　资料库管理 ·· 101

第三篇　昆 明 新 机 场 篇

第6章　昆明新机场机电设备安装与运维管理实践 ···················· 105

6.1　概述 ·· 105

6.1.1　工程概况 ·· 105

    6.1.2　研究背景 ·· 105

    6.1.3　研究目标 ·· 107

    6.1.4　研究意义 ·· 107

  6.2　项目内容与关键技术 ································· 107

    6.2.1　主要研究内容 ····································· 107

    6.2.2　解决的主要关键技术问题 ·················· 109

    6.2.3　项目的主要创新点 ····························· 109

  6.3　项目的实施方案 ····································· 109

    6.3.1　系统的结构 ······································· 109

    6.3.2　研究方法 ·· 110

    6.3.3　项目进度计划 ····································· 111

    6.3.4　成果形式 ·· 111

    6.3.5　考核指标 ·· 111

  6.4　研究过程及成果 ····································· 111

    6.4.1　研究过程 ·· 111

    6.4.2　研究成果 ·· 113

第7章　基于 BIM 的航站楼机电设备安装 4D 管理系统 ········ 115

  7.1　系统概述 ··· 115

    7.1.1　系统结构 ·· 116

    7.1.2　系统应用流程 ····································· 117

    7.1.3　系统运行环境 ····································· 118

  7.2　BIM 建模与机电深化设计 ····················· 118

    7.2.1　BIM 模型的创建 ································· 118

    7.2.2　机电深化设计 ····································· 120

  7.3　宏观 4D 施工管理 ································· 124

  7.4　微观 4D 施工管理 ································· 128

    7.4.1　值机岛的模拟与管理 ·························· 128

    7.4.2　罗盘箱的模拟与管理 ·························· 130

    7.4.3　热交换机房调试模拟 ·························· 130

第8章　基于 BIM 的机场航站楼运维信息管理系统 ········· 133

  8.1　系统概述 ··· 133

    8.1.1　系统结构 ·· 134

    8.1.2　系统运行环境 ····································· 135

  8.2　航站楼运维信息管理系统的研制 ············· 135

    8.2.1　BIM 和 GIS 数据集成技术架构 ·········· 135

    8.2.2　航站楼物业信息管理研究 ·················· 136

    8.2.3　航站楼机电信息管理研究 ·················· 137

    8.2.4　航站楼流程信息管理研究 ·················· 137

    8.2.5　航站楼库存信息管理研究 ·················· 138

8.2.6 航站楼报修与维护信息管理研究 ········ 138

8.3 航站楼运维信息管理系统应用实践 ········ 138

8.3.1 基于 BIM 生成 GIS 所需的地图和路径信息 ········ 138

8.3.2 航站楼物业信息管理应用 ········ 138

8.3.3 航站楼机电信息管理应用 ········ 139

8.3.4 航站楼流程信息管理应用 ········ 139

8.3.5 航站楼报修与维护信息管理应用 ········ 140

第四篇 英特宜家购物中心篇

第 9 章 北京英特宜家购物中心工程 BIM 集成应用实践 ········ 143

9.1 应用概况 ········ 143

9.1.1 工程概况 ········ 143

9.1.2 工程的特点与难点 ········ 143

9.1.3 BIM 应用实施方案 ········ 144

9.2 BIM 模型的创建与深化设计 ········ 146

9.2.1 地下部分 BIM 建模 ········ 146

9.2.2 地上部分 BIM 建模 ········ 147

9.2.3 4D 施工 BIM 模型的创建 ········ 147

9.2.4 模型碰撞检测 ········ 147

9.2.5 复杂节点深化设计 ········ 148

9.3 基于 BIM 的 4D 施工动态管理 ········ 149

9.3.1 场地布置 ········ 149

9.3.2 施工过程模拟 ········ 151

9.3.3 与项目管理系统双向数据集成 ········ 151

9.3.4 WBS 过滤与进度分析 ········ 152

9.3.5 4D 资源及场地管理 ········ 154

9.4 基于 BIM 的项目综合管理 ········ 155

9.4.1 施工数据填报 ········ 155

9.4.2 施工进度统计 ········ 155

9.4.3 各施工部位 4D 形象进度查看 ········ 156

9.4.4 施工质量管理 ········ 156

9.4.5 施工工程量管理 ········ 156

9.4.6 收发文管理 ········ 156

9.4.7 合同管理 ········ 158

9.4.8 变更管理 ········ 159

9.4.9 OA 协同管理 ········ 159

第五篇 专 业 应 用 篇

第 10 章 BIM 在大型施工总承包工程中的专项应用 ········ 163

10.1　BIM 技术在复杂外幕墙施工中的应用　·······························163

　　10.1.1　工程概况　··························163

　　10.1.2　幕墙工程中的 BIM 应用　···················163

　　10.1.3　应用总结　························165

10.2　BIM 技术在黑瞎子岛植物园钢结构工程中的应用　·········166

　　10.2.1　工程概况　························166

　　10.2.2　工程特点及难点　····················166

　　10.2.3　BIM 技术在钢结构施工中的应用　·············167

10.3　BIM 技术在机电安装工程中的应用　················170

　　10.3.1　工程概况　························170

　　10.3.2　BIM 在地下一层综合管线布置中的应用　·········170

　　10.3.3　基于 BIM 的施工样板段的搭建　···············172

参考文献　·································173

第一篇 综述篇

建筑施工是一个典型的科技水平低、粗放、高能耗的行业，亟需利用新兴的信息技术对传统的建筑施工业进行改造、升级。在国家体育场工程中，我们对钢结构工程的数字化分析、工厂化加工、机械化安装、精密测控、信息化管理等数字建造技术进行了应用实践。在此基础上，针对当前国内外大型复杂工程向非线性、低能耗、工厂化的发展趋势，我们将集成运用BIM、云计算、物联网等信息化技术，探索以工业化和信息化改造建筑施工业，打造"鸟巢"数字建造技术的升级版。

第1章 大型建筑工程的数字化建造

北京城建集团是国内最早开展 BIM 和数字化建造技术研究和推广应用的单位之一，在大型复杂工程钢结构的仿真分析、工厂化加工、机械化安装、精密测控、结构安全监测及健康监测、信息化管理等方面已取得一批国际先进水平的研究成果，如鸟巢大尺度空间弯扭钢构件加工技术、鸟巢工程精密测量技术等均达到国际领先水平，鸟巢大跨度马鞍形钢结构支撑卸载技术、基于 IFC 标准的 4D 施工管理系统等均达到国际先进水平。之后，结合昆明新机场的建设需要，研究开发了"基于 BIM 的昆明新机场机电安装管理系统"，2013 年 5 月经专家鉴定，填补了国内空白，达到国际领先水平，获云南省科技进步奖。2011 年，结合北京市最大的单体建筑——北京英特宜家购物中心工程进行了基于 BIM 的项目信息化管理研究与应用，已经取得较好的研究与应用成果，获 2013 年"龙图杯"全国 BIM 大赛一等奖。

在上述研究工作基础上，针对当前国内外大型公共建筑工程向非线性、低能耗、工厂化的发展趋势，我们将集成运用 BIM、云计算、物联网等为代表的信息化技术、建筑工业化、绿色建筑以及建设项目全生命期管理等，探索以工业化和信息化改造传统建筑业之路。

1.1 国家体育场工程的数字化建造实践

国家体育场（鸟巢）作为 2008 年北京奥运会主会场，承担了奥运会的开、闭幕式和田径比赛，可容纳观众 9.1 万人，是目前世界上特大跨度体育建筑之一。其结构体系与建筑造型浑然一体，外围大跨度空间钢结构由 4.2 万 t 弯扭钢构件编织而成，内部看台为异形框架结构，由角度各异的混凝土斜柱组成，屋面采用 ETFE 和 PTFE 膜结构，国内外无先例、无相关技术标准和规范，工程建造面临一系列重大技术难题。

（1）为实现"鸟巢"独特造型，其肩部 1.4 万 t 钢构件采用无固定线形的空间箱形弯扭构件。其几何构型方法、三维建模及展平放样软件的开发，以及大断面（1200mm×1200mm）箱形弯扭构件加工制作技术国内外尚无先例。

（2）工程结构跨度大、体型复杂，整体安装方案优化选择难度大，吊装构件体量庞大（最大达 35m×25m×20m、最重达 360t），全部采用箱形截面、现场安装接口达 4000 个，特别是顶面及肩部次结构在主体结构卸载后安装，由于空间位形变化更加大空间对口难度，钢结构安装存在巨大难题。

（3）钢结构整体合龙质量要求高，实施难度大。由于鸟巢为空间"编织"结构，所有安装偏差、焊接及温度变形均累积到四条合龙线、128 个合龙口，而采用焊缝合龙对合龙口间隙和错边有严格要求；设计要求合龙温度 19±4℃、需解决合龙过程中结构本体温度实时监测；同时，在北京地区 8 月份实施合龙，满足合龙温度时间不足 3h、而完成合龙焊接至少14h。

（4）卸载技术要求高。6万m^2、1.4万t钢屋盖支撑卸载史无前例，卸载点78个，最大支点反力300t，整体分级同步卸载，同步精度3mm。

（5）需要研究相应的测控技术。如何保证造型复杂、体型庞大鸟巢钢结构的安装精度和建筑效果，而且该结构为空间编织结构、施工偏差很容易累积和传递，需要建立高精度的测量控制网和构件拼装、安装的高精度测控，特别是实时获取已安装构件的接口位形，以指导构件的地面拼装和高空安装，及时消纳各种偏差对于保证安装质量和进度具有极为重要的作用。

（6）工期紧，工程建设管理复杂，管理要求高。有效工期仅4年，国际、国内分包单位100多家，协调管理与控制难度大。管理对象复杂，混凝土结构没有标准层和标准段，钢结构上万个构件中相同构件仅两根。管理要求高，总承包商要管到每一块钢板、每一条焊缝、每一个焊工的动态变化。

1.1.1　三维建模及仿真分析

1. 基于CATIA的三维模型设计

国家体育场建筑空间造型复杂，独特的"鸟巢"结构由大量不规则的空间弯扭构件"编织"而成，传统的二维几何设计、定位和相应的图纸表达方法几乎无法完成设计任务，在国家体育场设计中，在国内建筑行业首次引入了能够在三维空间模型中实现精确设计、定位的CATIA软件，以解决复杂建筑的空间建模问题，如图1-1所示。

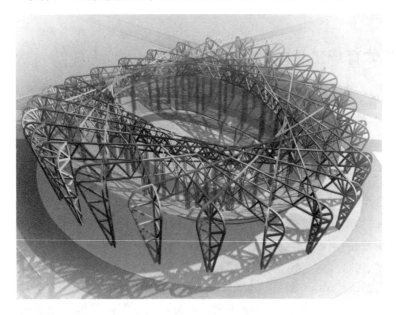

图1-1　在CATIA中建立的钢结构三维模型

建模工作由建筑师、结构工程师和设备工程师在高配置电脑中共同完成。建筑师利用这一精确的模型推敲空间效果、使用功能和细节设计；结构工程师利用这一模型进行计算，并将所有的柱梁分段精确定位，用空间坐标表示法绘制成结构施工图纸；设备工程师可以利用模型进行关键设备的精确分析和定位。

2. 弯扭构件的几何构型与放样

提出任意曲面弯扭薄壁箱形构件的几何投影生成法，通过弯扭箱形构件棱线特征点控制精度，采用三次 B 样条曲线，实现了弯扭构件连续光滑轮廓线的拟合，如图 1-2 所示。

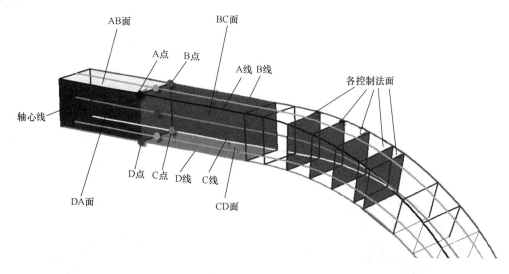

图 1-2　弯扭构件综合控制设计

开发了弯扭箱形构件深化设计软件，实现了多向相交空间弯扭构件虚拟建造，并可自动生成弯扭构件壁板展开放样图、各零件数控切割与压制成形的 CAM 数据文件，以及工厂组立与现场拼装和吊装的控制数据文件，大大降低了构件加工制作难度，高精度地完成了构件加工制作及现场安装定位，完美地实现了"鸟巢"建筑造型。

3. 复杂钢结构安装全过程模拟仿真分析技术

（1）钢结构总体安装方案比选

大跨度钢结构常用的安装方案有整体提升、滑移、分段吊装高空组拼方案（简称散装法）和局部整体提升等方式。针对国家体育场钢结构工程及其与其他分部工程之间的时间和空间关系，在钢结构的安装方案的选择过程中对比考虑了上述 4 种方式，其中整体提升和滑移法受时空限制，难以实施，因此主要进行了散装法和局部提升法的比选。

对局部整体提升的 3 种工况进行仿真分析，结果发现：内环整体提升块与外环主桁架接口变形相对较大，约 50％以上的接口错边偏差超过了国家规范允许偏差。

在散装法方案分析时，根据工程特点，分别进行了 50 个支撑点和 78 个支撑点两种方案的模拟分析。结果发现，两种方案不仅需要的吊装设备差别较大，而且构件在吊装中的变形不同，第一种方案构件吊装中会产生较大变形，超过国家规范的规定。

综合各方面因素，国家体育场钢结构工程最终采用 78 个支撑点的高空散装方案。

（2）钢构件安装

主钢结构（含柱脚）共划分为 256 个吊装单元。综合应用了滑移、提升、单机吊装、双机抬吊、三机抬吊等安装方法。施工前选择典型吊装单元，对构件形心和吊耳设计、构件翻身和吊装中的应力和变形、构件安装临时稳固措施、构件安装次序等进行了模拟分析，如图 1-3 所示。

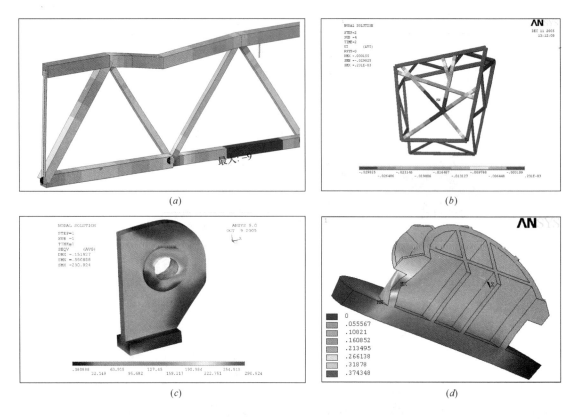

图 1-3　钢构件吊装过程分析

(a) 桁架翻身吊装过程的应力；(b) 次结构吊装竖向变形；

(c) 板式吊耳等效应力；(d) 管式吊耳等效应力

（3）钢结构支撑卸载

支撑卸载是钢结构从支撑受力状态向自身受力状态的转变过程，为了及时、准确地掌握该过程的变化情况和比较实际转换结果与模拟计算的差别，对千斤顶反力、屋盖内环的变形、结构应力应变、支撑应力应变、结构温度 5 项内容进行了实时监测，监测结果实时地与计算值进行对比分析，以保证整个卸载过程在掌控之中。图 1-4 所示为某工况下支撑反力的卸载曲线。

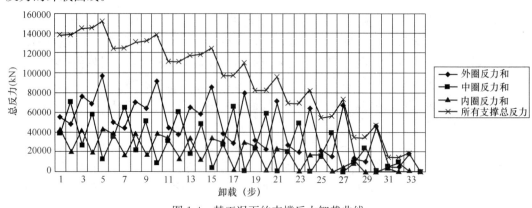

图 1-4　某工况下的支撑反力卸载曲线

1.1.2　工厂化加工技术

在国家体育场工程中采用了大量工厂化加工技术，如钢结构弯扭箱形构件多点无模成形加工、预制清水钢筋混凝土看台板、大直径空调水管道沟槽连接等加工技术。

1. 钢结构弯扭箱形构件多点无模成形加工

首创多点成形和计算机结合的无模成形工艺、加工设备、质量检验技术，高精度完成了弯扭构件加工，仅用4个月就完成了1.4万t弯扭箱形构件的加工，很好地保证了工程的整体进度。

2. 预制清水钢筋混凝土看台板

国家体育场看台结构分为上、中、下三层，预制混凝土构件有看台板、踏步和楼梯三类，预制混凝土构件为清水表面。构件总数量约15106块，其中看台板合计10153块，踏步4872块，楼梯81个。由于采用工厂预制技术，仅用165天就完成预制清水钢筋混凝土看台板的安装。

3. 大直径空调水管道沟槽连接

国家体育场工程的空调水主干管采用DN450（Φ480×9）管道，管道采用沟槽连接方式，整个管道由4处39°、4处22.5°、2处11.25°、34处7.5°、3处5°弯头及若干直管段组成。供回水呈内外两环，全长1600m。

4. 模块式移动草坪安装

国家体育场中心区400m田径跑道内含一块105m×68m国际标准的天然草坪足球场，该草坪采用模块式移动草坪系统，由5460块小草坪（1.159m×1.159m）拼装而成。移动草坪共计4600t，采用百余辆运输车从基地运到体育场，现场采用50辆叉车进行搬运安装，仅用24小时就完成草坪安装作业。

1.1.3　机械化安装技术

1. 吊装方法及吊机选择

根据吊装工况分析结果，结合吊机性能，并综合考虑技术可靠性及经济合理性等因素，国家体育场钢结构工程主次结构吊装方法及吊机选择见表1-1。

吊装方法及吊机选择　　　　　　　　　　　　　　　　表1-1

吊装部位	柱脚		桁架柱		立面次结构	主桁架		顶面及肩部次结构
	滑移	单机吊装	单机吊装	双机抬吊	单机吊装	单机吊装	三机抬吊	单机吊装
吊装方法	C13柱脚由于受场地限制采用由拼装位置直接滑移就位	其余柱脚：南区采用600t履带吊吊装就位；北区采用500t履带吊吊装就位	南区采用800t履带吊单机脱胎、翻身、直立吊装就位	北区采用800t履带吊为主吊机、500t履带吊为辅助吊机双机脱胎、翻身、直立吊装就位	均采用150t履带吊吊装就位	内圈采用600t履带吊、外圈采用800t履带吊吊装就位。其中北区采用单机脱胎、翻身	南区外圈脱胎采用800t履带吊为主机、两台拼装用龙门吊辅助完成脱胎、翻身	外圈采用300t履带吊、内圈采用150t履带吊吊装就位
吊装设备	2台200t千斤顶及控制设备	1台600t和1台500t履带吊	1台800t履带吊	1台800t和1台500t履带吊	4台150t履带吊	2台600t和2台800t履带吊		4台300t和2台150t履带吊

2. 主钢结构安装

根据现场场地条件、吊机的搭配及施工任务的分工情况，整个钢结构系统的施工分成两大施工区域，两大施工区域"分区进行、对称安装"，如图1-5所示。

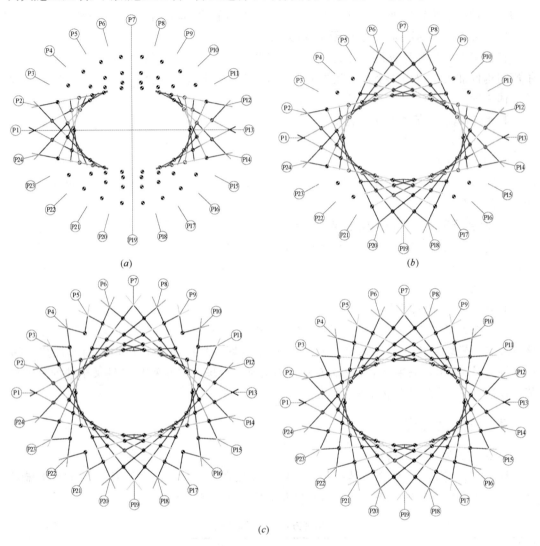

图1-5 主结构安装流程图

(a) 第一阶段；(b) 第二阶段；(c) 第三阶段

3. 次结构安装

立面次结构安装，随桁架柱安装分柱间逐步进行。安装时，按照"柱脚先装、联系钢柱的次结构整体吊装，其他次结构分段安装"的原则进行分段，按"从下向上，与钢柱先建立联系，由柱边向中间安装"的原则顺势向上进行安装，钢柱本身的次结构，在钢柱拼装时，与钢柱一起拼装，然后分段吊装。典型立面次结构吊装分段及安装顺序如图1-6所示。

顶面及肩部次结构的安装在支撑塔架卸载以后进行，安装时总体上遵循分区同步对称安装原则，即Ⅰ、Ⅱ两区域同步对称进行安装。根据顶面及肩部次结构的分布情况及结构受力情况，顶面及肩部次结构的安装共分为二个阶段：第一阶段安装肩部次结构和内圈顶面次结构，第二阶段安装中圈顶面次结构。肩部和中圈的安装均从南北方向向东西两侧推进，内圈顶面次结构的安装从安装分界线与肩部顺序相向推进。具体的安装顺序如图 1-7 所示。

4. 支撑卸载

国家体育场采用计算机控制集群液压千斤顶同步卸载系统在一台计算机控制下，实现了 6 万 m²，1.4 万 t 大跨度马鞍型钢屋盖支撑卸载，屋盖最大沉降量 271mm，与设计理论沉降量 286m 偏差仅 5.2%，完全满足设计要求。

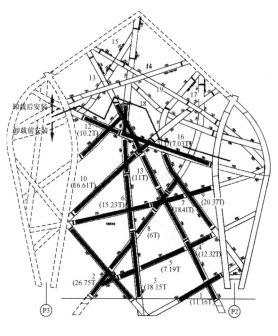

图 1-6 典型立面次结构安装顺序示意图

1.1.4 精密测控技术

国家体育场钢结构为大跨度空间马鞍形结构，钢构件形成的外表面是一个空间曲面，因此，存在大量的三维弯扭构件，且无固定的空间曲线函数可表示，构件位置只能采用构件棱线的三维坐标来定位。在施工测

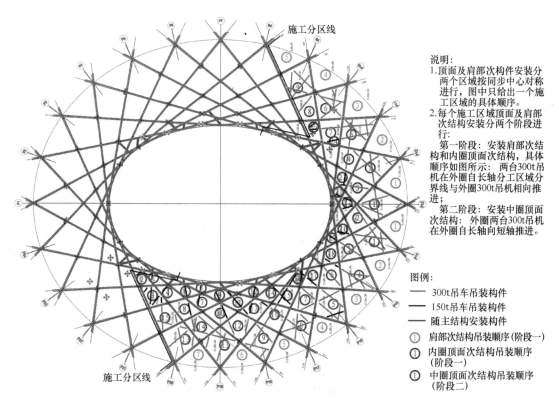

图 1-7 顶面及肩部次结构吊装顺序示意图

9

量、测控方面主要面临着难题为：钢结构安装单元大，分段复杂，构件异形，尤其是桁架柱体量大且构件扭曲，地面拼装精度控制要求高，拼装测量难度大；钢结构空中安装对接精度要求高，对安装测量提出了准确、快速要求，同时钢结构安装呈阶段性，顶面及肩部次结构是在主结构卸载后进行安装，存在卸载前后位形变化以及钢结构安装过程导致结构位形的不断变化影响，也对安装测量测控提出了挑战。如果安装精度控制不够，必然会造成大量安装单元测量超出规范允许偏差的现象，直接影响到整个钢结构的建筑造型以及结构的安全性。因此，如何在最终满足安装精度和结构安全的要求下，选择合理高效的测量测控手段是至关重要的。

1. 建立高精度施工控制网

经过踏勘并结合施工场地布置图和国家体育场的结构形状，布设了以前期 4 个 GPS 点、体育场中心点作为已知点，由 12 个导线点（外围 8 个，内场所 4 个）组成的平面和高程钢结构施工控制网，如图 1-8 所示。

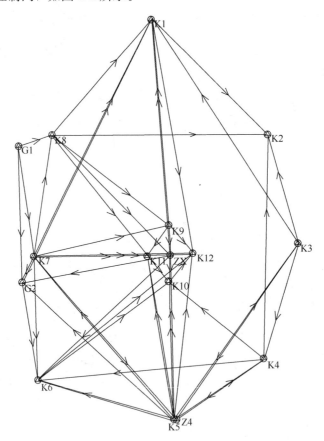

图 1-8　国家体育场 GPS 控制网示意

2. MetroIn 工业三维测量系统

MetroIn 工业三维测量系统是以两台以上电子经纬仪或单台全站仪为传感器而构成的空间三角交会法/极坐标法空间坐标测量系统。主要用来采集空间点（被测工件等）的三维坐标数据，并对测量数据进行管理及点、线、面的几何计算与分析，还具有数据的输入、输出和用户应用软件等功能。测量示意如图 1-9 所示。

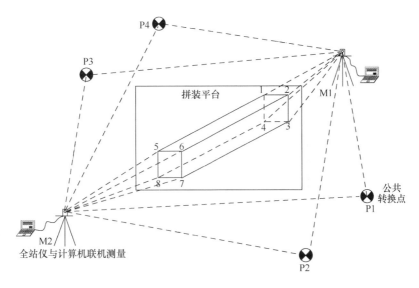

图 1-9　MetroIn 工业三维测量系统示意

3. 三维激光扫描技术

三维激光扫描技术是利用三维激光扫描仪发出的激光作为光源，对三维目标按照一定的分辨率进行扫描，采用某种与物体表面发生相互作用的物理现象来获取其表面三维信息。图 1-10 为典型柱间牛腿三维激光扫描获得的点云模型。

图 1-10　典型柱间牛腿三维激光扫描

1.1.5　结构安全监测

1. 合龙温度监测

根据设计要求，本工程的设计合龙温度为 $19\pm4℃$。因此采用自动测温系统对钢结构合龙温度进行检测。分别在2006年8月25日夜间～26日凌晨、8月28日夜间～8月29日凌晨和8月30夜间～31日凌晨进行。图1-11所示为顶面第二次合龙结构温度曲线，曲线显示温度平均值均小于23℃，各点温度差变化小于平均温度±2℃的范围内，符合设计要求。

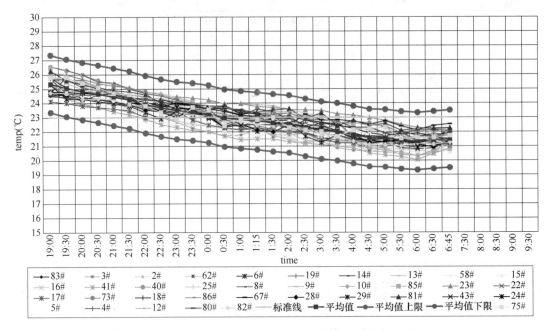

图1-11　顶面第二次合龙结构温度曲线

2. 支撑卸载监测

支撑卸载是钢结构从支撑受力状态向自身受力状态的转变过程，为了及时准确掌握该过程的变化情况和比较实际转换结果与模拟计算的差别，对千斤顶反力、屋盖内环的变形、结构应力应变、支撑应力应变、结构温度5项内容进行了实时监测，监测结果实时地与计算值进行对比分析（见图1-12），以保证整个卸载过程在掌控之中。

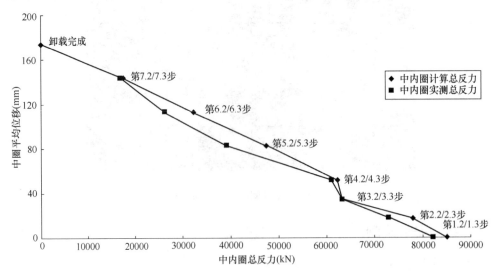

图1-12　中内圈实测与计算反力对比

1.1.6 信息化管理

针对国家体育场工程建设管理的复杂性和高标准要求，进行了全面的信息化管理技术研究与应用。建立了覆盖整个施工场区与主要分包商的有线与无线结合的信息网络。开发应用了管理信息平台，以实现总包商内部与分包商之间的办公自动化；建立了 13 路视频摄像系统，并与总承包部局域网融合，实现桌面对现场作业面和场地主要出入口的实时监控；在民工生活区布设了红外安防系统，保证了生活区的安全；开发应用了建筑工程多参与方协同工作网络平台系统（ePIMS＋），为建筑工程包括业主、总承包商、分包商以及监理在内的多参与方的工程管理人员进行包括文档、图档和视档 3 种不同形式的工程信息共享、协同工作以及科学决策提供了高效的工具；开发应用了基于 IFC 标准的 4D 施工管理信息系统（图 1-13），实现了国家体育场 4D 施工管理，包括进度管理、资源管理、场地管理、建造过程的可视化模拟等；开发应用了基于互联网的国家体育场钢结构工程管理信息系统，实现了钢结构工厂加工、运输、现场拼装和安装的协同工作，以及焊缝与焊工、焊接记录的 100％可追溯。

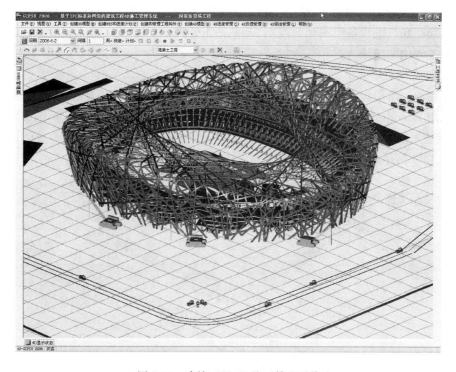

图 1-13　建筑工程 4D 施工管理系统

1.1.7 小结

通过研究和综合应用多种数字化建造技术，解决了国家体育场工程建造中大尺度弯扭构件设计与加工、特大跨度复杂钢结构安装、合龙、卸载要求高等技术难题，保证了结构安全、质量和建筑效果，仅用 4 年多时间使鸟巢由图纸变成了建筑实体。

1.2 昆明新机场机电设备安装与运维管理实践

昆明新机场（现已正式命名为昆明长水国际机场）航站楼工程是我国十一五期间唯一批准新建的大型枢纽机场，其机电设备包括通用建筑机电、民航专业机电、弱电、信息、消防等系统。该工程具有系统多、规模庞大、结构复杂、自动化程度高等特点，且众多技术设备为国内首次采用。在施工阶段，机电设备安装工程量大，施工工期紧，自动化程度高，施工技术复杂，联合调试难度大，质量标准和运行可靠度要求高。在运维阶段，建筑设备运营维护需要大量工程信息来支持，而传统的建筑信息主要基于纸质文档和图档进行存储，存在信息获取困难、效率低下等问题，难以满足航站楼等大型公共建筑的管理需求。这些都使机电设备安装工程施工、联调、运维及其管理难度提升到了一个前所未有的高度，对工程施工和管理都提出了严峻挑战。

1.2.1 基于 BIM 的航站楼机电设备安装 4D 管理系统

首次将 BIM 技术应用于机场机电设备安装工程，提出基于 BIM 的多层次 4D 模型，实现昆明新机场机电设备宏观和微观 4D 动态施工管理，促进 BIM 技术在大型、复杂机电设备安装工程中的应用。

1. 系统应用流程

由于在设计阶段没有建立机场航站楼机电系统的 BIM 模型，因此在 4D 管理系统应用之前，采用 Autodesk 的 Revit 系列软件和 Civil 3D 创建三维设计模型，并采用 Microsoft Project 创建进度计划，并通过各种接口集成于 4D-GCPSU 系统，建立完整的 4D 信息模型，如图 1-14 所示。

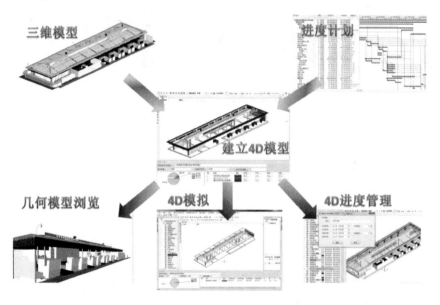

图 1-14　昆明新机场 4D 系统应用流程

2. BIM 模型的创建

BIM 模型是施工阶段 BIM 应用的数据基础，机电深化设计是 BIM 技术在机电设备安装工程中的重要应用之一。本项目采用 Autodesk Revit 系列软件进行建筑、机电专业的建模及深化设计。本项目的建模内容主要包括：整体建筑模型，排水系统模型，罗盘箱、值机岛、走廊顶部、热交换机房等机电集中部位的模型。图 1-15 所示为昆明新机场航站楼的整体建筑模型。

图 1-15　昆明新机场航站楼的整体建筑模型

3. 机电深化设计

利用 Revit MEP、MagiCAD 等 BIM 深化设计软件，对空调机房、热交换机房等机电设备集中区域进行三维建模和管线综合排布设计。图 1-16 所示为热交换机房 3D 深化效果。

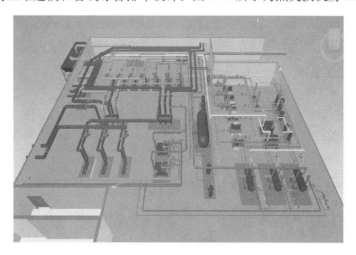

图 1-16　热交换机房 3D 深化效果

4. 宏观 4D 施工管理

以排水系统为例，发掘传统的 4D 系统在机电安装宏观模拟与管理中的不足，通过系统二次开发进行完善，探索机电安装工程 4D 施工模拟和动态管理技术；建立的排水系统宏观进度计划，可作为模板辅助工程师制订各专业的进度计划，为进度计划库和 4D 施工管理奠定基础。当然，实现排水系统 4D 模拟与管理可为排水系统施工方案模拟和优化提供可视化平台和方法（见图 1-17）。

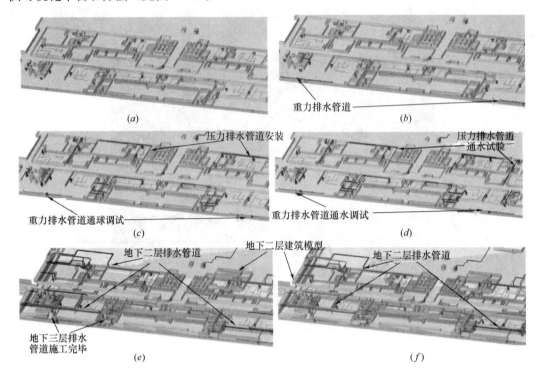

图 1-17　排水系统模拟

（a）土建施工完成；（b）地下三层重力排水管道施工；
（c）地下三层压力排水管道施工；（d）地下三层排水管道调试；
（e）地下二层排水管道施工；（f）地下二层排水管道施工完成

5. 微观 4D 施工管理

图 1-18 所示为值机岛施工过程模拟，可以直观形象地展现机房、走廊、值机岛等机电设备集中部位的空间布局和管道搭接关系，为多部门的管理者和工程师进行交流和协作提供了平台，辅助施工方案可行性分析和方案优化，并可作为模板为其他航站楼机电建设提供参考。

1.2.2　基于 BIM 的机场航站楼运维信息管理系统

基于 BIM 的昆明新机场航站楼运维信息管理系统是以 BIM 技术为核心设计技术思想进行设计和开发的 B/S 架构综合信息平台。系统共包含物业信息、机电信息、机场流程、库存与备件、报修与巡检、系统管理六大子系统。

1. 基于 BIM 生成 GIS 所需的地图和路径信息

应用 BIM 和 GIS 技术可直接采用施工阶段建立的 BIM 模型，获得航站楼机电运维管理所需的房间布局、机电系统布局及逻辑关系、机电性能参数等信息，生成 GIS 所需的

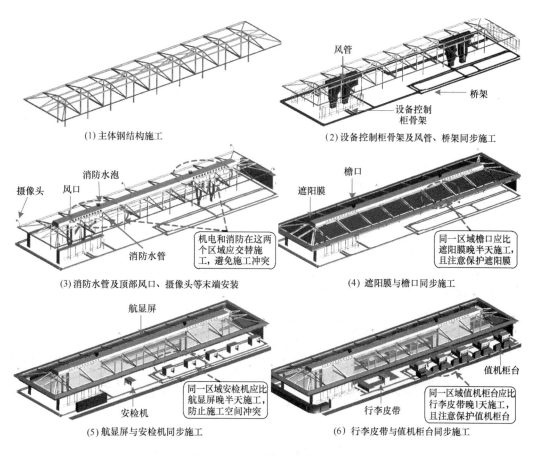

图 1-18 值机岛施工过程模拟

二维图形信息，支持机电系统逻辑结构查询等功能，如图 1-19 所示。

2. 航站楼物业信息管理

在系统中可以很方便地对房间、柜台、商铺等的分配和物业数据进行维护，而且可以根据用户的不同需求进行各种数据的统计和分析。图 1-20 所示为航站楼房间管理及其信息查询。

3. 航站楼机电信息管理

在系统中不仅可以查找到各级别的上下级关系，还能直观地看到相互之间的桥架走向，帮助用户更快、更好地了解整个电气干线的走向及逻辑关系，具体如图 1-21 所示。

4. 航站楼流程信息管理

在系统中输入旅客所在位置及输入登机口编号，就能查询出这位旅客从值机岛到登机口的路径信息，及值机岛与登机口的距离信息和人的正常步伐可能需要的时间信息，这样，旅客就能根据这些信息判断出自己的登机时间是否充足等，如图 1-22 所示。

5. 航站楼报修与维护信息管理

在系统中，可以很容易地查看最近 3 个月时间内报修的总体数量。如，查看最近 3 个月维修组维修人员接单数量的比较；再如，最近 3 个月内报修单整体的完成情况、无需维修、正在维修中的各自百分比等。月度报修信息统计如图 1-23 所示。

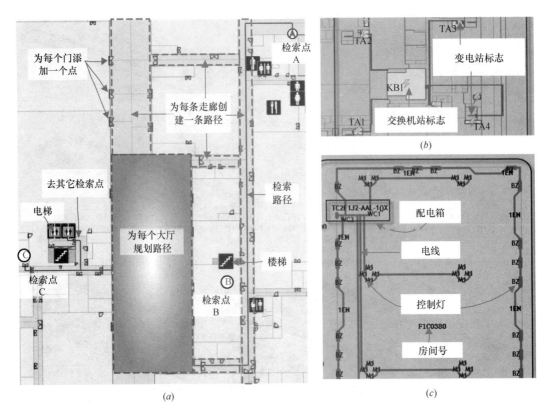

图 1-19　自动生成的机电运维 GIS 信息和 2D 表现

(a) 室内 GIS 地图以及路径；(b) 电力干线逻辑结构；(c) 照明系统逻辑结构

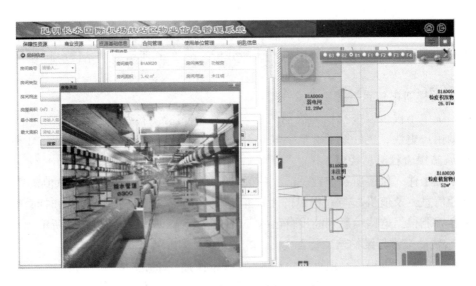

图 1-20　房间管理及其信息查询

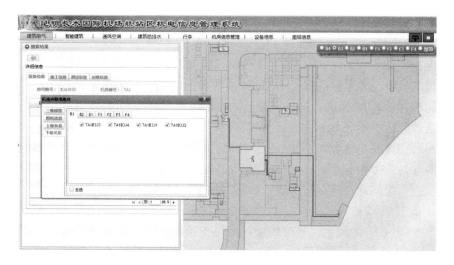

图 1-21　TA1 机房逻辑结构查询及其信息管理

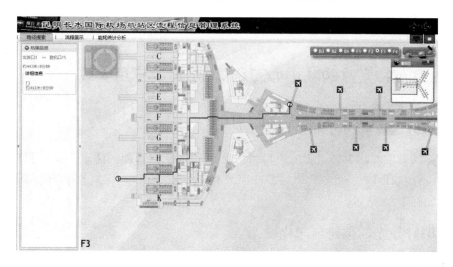

图 1-22　登机流程展示

图 1-23　月度报修信息统计

1.2.3 小结

首次提出了基于 BIM 的多层次 4D 建模和协同施工管理技术：研究并提出适用于大型、复杂机电设备安装工程的多层次 4D 建模和协同施工管理技术，支持用户根据实际需求建立不同粒度的 BIM 模型，解决机场航站楼机电设备及管理 BIM 建模工作量巨大、逻辑关系复杂等问题，促进 BIM 和 4D 技术在机电设备安装工程中的应用；基于多层次 4D 模型实现宏观和微观相结合的 4D 动态施工管理，能有效支持航站楼机电设备安装过程中多专业和多参与方协同管理，确保并行或交叉施工顺利进行，减少解决专业间的施工冲突、窝工、返工等问题，提高施工效率和管理水平，保障施工工期和质量。

提出了基于 BIM 和 GIS 的航站楼运维管理技术：将 BIM 和 GIS 技术有机结合，研究并解决了 BIM 和 GIS 的数据和系统集成技术，支持施工信息向运维阶段的无损传递。利用 BIM 的空间拓扑信息、资源信息、机电设备相关信息，进行 GIS 表现，支持航站楼日常运维中的物业管理、机电管理、流程管理、库存管理以及报修与维护等工作，实现了航站楼运维信息化、动态化和可视化管理，有效地提高了管理水平和工作效率，为相关决策提供了有力支持。

1.3 北京英特宜家购物中心工程 BIM 集成应用实践

1.3.1 BIM 集成应用方案

结合英特宜家购物中心工程的项目特点和工程总承包管理的需求，建立起集 BIM 建模及深化设计、4D 施工动态管理、基于 BIM 的项目综合管理 3 部分内容的 BIM 集成应用方案，如图 1-24 所示。

1.3.2 BIM 模型的创建与深化设计

1. BIM 模型的创建

英特宜家购物中心工程地下 3 层、地上 4 层，建筑面积约 51 万 m^2。BIM 建模完成了建筑结构、二次结构、机电管线的 Revit 建模。建模范围包括：建筑结构体系（柱、墙、梁、板、基础）、二次结构墙、门窗、电梯、楼梯等，所有公共区域空调、排烟风管、空调水管、排水管、雨水管、给水管、电气桥架等。图 1-25 所示为 F2 层 BIM 模型视图。

2. 4D 施工 BIM 模型的创建

4D 施工 BIM 模型主要包括构件模型、施工段信息、进度信息 3 部分内容。我们利用定制开发的 Revit 插件，可以批量设置构件的施工段信息，并可自动检查设置施工段遗漏构件，利用自定义 XML 数据文件将施工段模型信息导入到 4D 系统中，如图 1-26 所示。

3. 模型碰撞检测

综合应用 4D 施工管理系统和 Navisworks 软件的碰撞检测功能，不仅可实现三维模型硬碰撞的自动检测，而且可以实现施工过程中"间隙碰撞"的检测。为优化各专业间的施工顺序、解决工作面交叉问题、提升施工精度和安装效率提供支持。在本项目中，完成

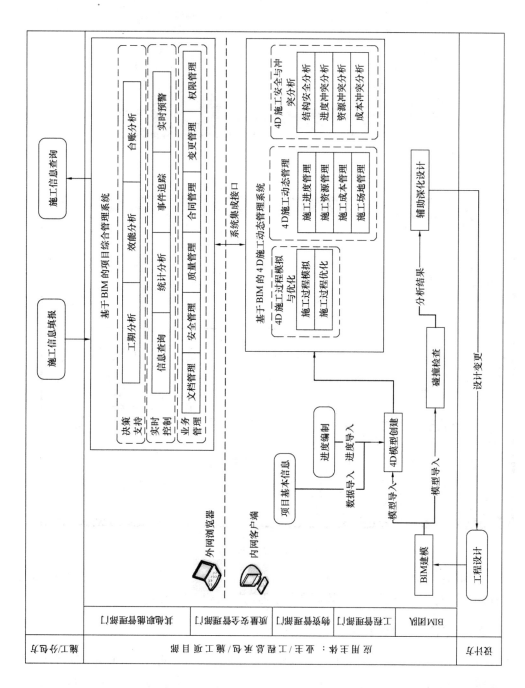

图 1-24 英特宜家购物中心工程 BIM 应用实施方案

21

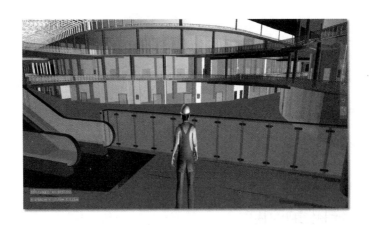

图 1-25　F2 层 BIM 模型视图

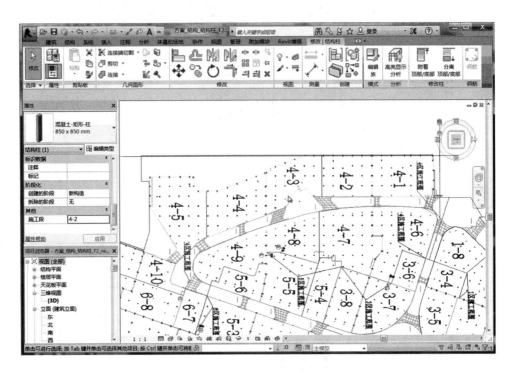

图 1-26　设置施工段信息

了全楼的结构构件及机电管线的碰撞检测，共发现各类碰撞 5000 余处（见图 1-27），施工前对碰撞问题进行了及时解决，有效地避免了返工损失和工期延误。

1.3.3　基于 BIM 的 4D 施工管理

利用我们自主开发的基于 BIM 的 4D 施工动态管理系统，可实现 4D 施工过程管理。采用逐层级（专业、楼层、构件、工序四个层级）细化的方式形成进度计划，利用施工进度计划、实际进度填报信息及其与施工模型的关联，动态的显示，对比施工进度。同时，可在构件属性中查看与编辑构件各时段的状态，并可随时暂停动态显示过程，将当前状态导出供协调讨论使用。同时，通过考虑各施工工序之间的逻辑关系以及进度计划，支撑施

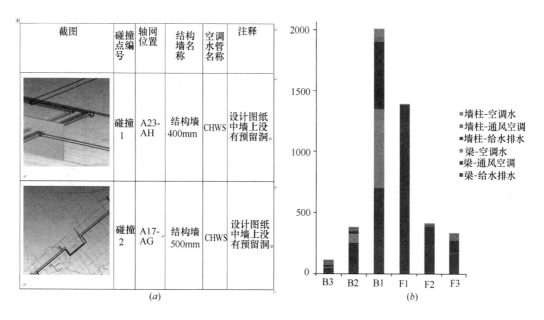

图 1-27　模型碰撞检测结果

(*a*) 碰撞报告截图；(*b*) 碰撞类型统计

工顺序的模拟，并对不符合施工工序逻辑关系的进度计划进行预警提示。同时，利用已有的施工工艺数据，以动态的形式展示复杂节点的施工工艺，解决复杂节点施工难以理解的问题。该模块已非常成熟，只需提供施工工艺逻辑数据，即可实现相应功能。

1.3.4　基于 BIM 的项目综合管理

我们自主开发了基于 BIM 的项目综合管理系统，该系统除具有通用项目管理系统的功能外，可与 4D 施工管理系统中的 BIM 数据库实现无损链接，实现各项业务管理之间的关联和联动。该系统采用 B/S 架构，用户只需登录网页即可对项目进行轻量级的 4D 施工管理和日常项目管理。系统现有功能主要包括：施工进度管理、施工质量管理、施工工程量管理、OA 协同、收发文管理、合同管理、变更管理、支付管理、采购管理、安全管理等功能。

1.3.5　小结

本项目结合北京英特宜家购物中心工程项目管理需要，集成应用基于 BIM 的 4D 施工管理系统和项目综合管理系统，实现 4D 进度、质量、成本管理，场地、合同变更等综合管理，可视化信息查询及多参与方协同等功能相结合。通过实际应用表明，BIM 和 4D 技术实现了项目各参与方之间的信息共享，可大幅减少工程设计中的错误，并有效辅助工程施工过程模拟及动态施工管理，可显著提升施工效率和管理水平，并可为相关决策提供有力支持。

1.4　大型建筑工程的集成化数字建造

目前，我国正在进行着世界最大规模的基本建设。建筑工程作为基本建设的重要组成部分，特别是大型公共建筑，随着我国经济和社会快速发展日益增多。它们既促进了我国经济社会发展，又增强了为城市居民生产、生活服务的功能。大型公共建筑一般都投资巨大，同时具有建设过程复杂、多样、建造周期长等特点。如果能够引入工业上成熟的数字化技术和管理方法进行大型建筑工程的建造，将会对提高建筑工程的安全和质量水平，降低人工用量和劳动强度、加快建造速度、实现绿色建造和精益建造具有重要意义。

1.4.1 大型公共建筑的发展趋势

随着我国综合国力的大幅提升，大型建筑工程如雨后春笋般在全国各地不断涌现。当前，国内的大型建筑工程呈现出以下发展趋势：

（1）建筑体量越来越大，建筑功能日趋复杂。以上海虹桥枢纽工程为例，总建筑面积达 150 万 m^2，使用功能集航空、公路、高铁、城市轨交等多种交通方式于一体。

（2）大型公共建筑的"工厂化、装配式施工"取得了较大发展，"像造汽车一样造房子"逐渐由梦想变成现实。以德国安联体育场为例，球场面积为 258m×227m，7.1 万座位，建造使用 12 万 m^3 混凝土、2 万 t 钢材，由于大量采用预制化构件，仅用 2 年 6 个月就完成了整个工程建造。

（3）非线性建筑大量涌现。以国家体育场（鸟巢）、深圳湾体育中心、凤凰卫视传媒中心（凤巢）等为代表的一大批建筑，都是以各种不规则曲线、曲面组成的建筑体。

（4）更加关注绿色建筑性能。建筑物全生命期从规划设计、工程建造与运营的全过程实现低碳具有重要意义，特别是大型公共建筑往往单体能耗大，节能效果和示范意义更大。

1.4.2 数字化建造存在的问题

当前，以"鸟巢"为代表的数字化建造技术已在国内多项大型建筑工程中得到应用，推动了我国工程建造技术的提高，但还存在如下问题：

（1）"底层数据不统一"、"大量重复建模"、"参建方之间无法实现有效的协同工作"、"无法实现全生命期的信息共享"。

（2）以项目为载体的信息化建设与应用，造成大量软、硬件及人员的重复投入，随着项目的解体造成大量浪费，相关的投入和数据无法在企业内部进行积累、共享，更无法进行挖掘和进一步的应用。

（3）工程项目建设中的视频监控数据、应力应变传感器数据等无法集成到 BIM 应用平台。

（4）工程项目中大量的人、材、物信息还未实现自动数据化，无法有效地融入信息化系统的管理。

（5）虽然在钢结构、膜结构、混凝土看台板等的施工实现了产业化建造，但在混凝土框架、机电、装饰等还存在大量现场施工和手工作业，比如，鸟巢混凝土结构施工高峰期达到 7000 人。

（6）从绿色建筑的性能化分析到绿色施工管理，以及建成后的能耗监控等绿色建筑的全生命期管理都需要研究相应的技术支撑。

1.4.3　数字化建造的发展趋势

（1）以 BIM 技术为载体，实现建设全过程的信息共享。BIM 技术的推广与应用为实现建筑工程数字化建造提供了数据基础。

（2）新兴信息技术的融合使建筑工程向"智慧建造"迈进。智慧建造是一种全面物联、充分整合、激励创新、协同运作的工程建造模式。随着 BIM、云计算、物联网等信息化技术的日趋成熟，使工程建造向着更加智慧、精益、绿色的方向发展，最终实现真正的数字化建造和智慧建造。

（3）由项目部式管理模式向企业总部集约化管理模式转变。以社会化分工、工厂化加工、精密化测控、机械化安装、信息化管理等为主要特征的数字化建造，需要集约化的管理模式作支撑。项目部式的管理模式已无法适应数字化建造的管理需求，总部集约化的管理将成为主流的管理模式。

（4）基于"互联网思维"的商业模式和产业模式变革。实现真正意义上的数字建造必将带来整个建筑业商业模式与产业模式的变革。我们应该带着更加开放的"互联网思维"去迎接数字建造和智慧建造时代的到来。

1.4.4　基于 BIM 的集成化数字建造

BIM 被认为是工程建设领域继 CAD 技术后的又一次重大的技术革新。BIM 的一项重要价值体现在通过构建建筑信息模型，实现建筑全生命期各阶段和各参与方之间的信息交换与共享。BIM 包含工程对象完整的工程信息，是建筑工程数字化建造最直接的数据源。目前，我们已开展的工作包括以下两个方面：（1）对建造全过程的数字模拟与仿真、工厂化加工、机械化安装、精密化测控等数字化建造技术进行提升，打造"鸟巢数字化建造技术"的升级版；（2）开展 BIM、云计算等信息技术的研究与应用，利用 BIM 打通数字化建造过程中的"信息断层"，实现集成化的数字建造。

第二篇　国家体育场篇

　　作为北京 2008 年奥运会主体育场的国家体育场工程是目前世界特大跨度体育建筑之一。其结构体系与建筑造型浑然一体，外围大跨度空间钢结构由 4.2 万 t 弯扭钢构件编织而成，内部看台为异形框架结构，由角度各异的混凝土斜柱组成，屋面采用 ETFE 和 PTFE 膜结构。国家体育场的钢结构施工是工程建造的重大技术难题，由于采用了数字化仿真分析、工厂化加工、机械化安装、精密化测控、信息化管理等数字化建造技术保障了工程顺利完成。本书的第 2~5 章将对国家体育场的信息化管理实践进行详细介绍。其中，第 2 章为工程信息化管理实践情况概述，第 3 章介绍基于 IFC 标准的建筑工程 4D 施工管理系统，第 4 章介绍建筑工程多参与方协同工作网络平台系统，第 5 章介绍国家体育场钢结构工程施工信息管理系统。

第 2 章　国家体育场施工信息化管理实践

2.1　概述

2.1.1　工程概况

国家体育场（鸟巢）作为北京 2008 年奥运会主会场，是北京奥林匹克公园内的标志性建筑，也是北京最大的、具有国际先进水平的多功能体育场，是一座恢宏、奇特的体育建筑，是奥林匹克运动留给北京的宝贵遗产和城市建设的新亮点。

国家体育场工程位于北京市成府路南侧，奥林匹克公园中心区的南部，主体建筑紧邻北京城市中轴线，工程占地面积 20.4hm^2，总建筑面积约 25.8 万 m^2，平面呈椭圆的马鞍形，屋顶及外框架为鸟巢状空间钢结构，屋面为膜结构，场内碗状看台为预制钢筋混凝土台阶，看台下为 5~7 层全现浇混凝土框架结构，地下 2 层。体育场东西向长约 280m，南北向长约 333m，屋盖顶部高度为 69.21m，图 2-1 所示为国家体育场鸟瞰图。

图 2-1　国家体育场鸟瞰图

奥运会期间，国家体育场容纳观众 9.1 万人，其中临时座席 1.1 万个，承担开幕式、闭幕式和田径比赛的主要赛事功能。奥运会后，国家体育场可容纳观众 8 万人，可承担重大比赛（如：奥运会、残奥会、世界田径锦标赛、世界杯足球赛等）、各类常规赛事（如：亚运会、亚洲田径锦标赛、洲际综合性比赛、全国运动会、全国足球联赛等）以及非竞赛项目（如：文艺演出、团体活动、商业展示会等）。

国家体育场工程建设单位为国家体育场有限责任公司，设计单位是瑞士赫尔佐格和德梅隆设计公司、奥雅纳公司和中国建筑设计研究院组成的联合体，中国国际工程咨询公司对本工程实施工程监理，北京城建集团有限责任公司负责总承包施工。国家体育场工程于

2003 年 12 月 24 日开工，2008 年 6 月 27 日竣工正式投入使用。

2.1.2 工程的特点与难点

国家体育场工程具有技术上的挑战性、功能上的综合性、管理的上复杂性、时间上的紧迫性等特点，工程的建造过程是一个庞大而复杂的系统工程。该工程总承包施工信息化管理方面具有如下特点和难点。

1. 管理对象复杂

由于建筑外形是浑然天成的鸟巢造型，在这一设计理念的主导下，国家体育场工程由外至内无不体现出"杂乱无序"的结构构造，外围钢结构由巨形弯扭构件编织而成，内部混凝土结构由倾斜、旋转角度各异的斜（扭）柱以及斜梁组成的异形框架结构，混凝土结构没有标准层和标准段，钢结构上万个构件中相同构件仅两根。将这种特异的设计造型变成建筑实体无疑是一个巨大的技术挑战，一个重要的难点就是建筑模型的表达。

该工程设计单位创新性地应用了 CATIA 软件进行三维建模，但由于该软件的复杂性等原因施工单位难以直接应用，只能依据设计单位提供的控制点坐标进行工程建造。而传统的 2D 施工图纸很难表现如此复杂的结构，使工程师读懂施工图纸变得十分困难。因此，工程管理上需要建立一个基于 4D 模型的施工指挥平台，即以施工对象的 3D 模型为基础，施工的建造计划为其时间因素，将工程的进展形象地展现出来，形成动态的建造过程模拟模型，用以辅助施工计划管理。能够直观、准确、动态地模拟施工方案，按照指定时间显示当前的施工进度和状态，发现并及时调整施工中的冲突和问题，为指挥、协调和监督各分包单位的施工计划和实际进度，提供一个可视化的施工指挥工具。

此外，建立一个覆盖整个场区和主要作业面的视频监控系统，不仅有助于对施工进度、安全文明施工和安保的管理，而且和 4D 施工管理系统配合为总承包单位打造一个全新的施工指挥调度平台。

2. 工期紧

该工程有效施工期仅 4 年，相对于庞大的体量和复杂的结构而言工期异常紧张，需要进行严格的进度管理。需要计划和控制每月、每周甚至每天的施工操作，动态地分配所需要的各种资源和工作空间。现有的计划管理软件不适于建立这种计划，抽象的图表也难以清晰地表达其动态的变化过程，施工管理人员只能根据经验制订计划，计划的正确与否只能在实践中被检验。需要开发应用 4D 项目管理系统，以使管理者、施工参与者、领导都可以通过观察 3D 模型，以非常直接的方式查看到与进度相关联的施工进展情况。并通过对不同计划的 4D 模拟显示，以直观的方式表现各种方案的异同，为施工方案的比选与确定提供手段和工具。

3. 施工场地狭小

国家体育场工程紧贴红线建设，施工场地异常狭小。混凝土结构施工后期插入钢结构施工，钢结构施工后期插入看台板吊装，多种工序交叉作业。施工现场 800t 吊车 2 台、600t 吊车 2 台，各种大型吊装设备 20 多台套，构件堆场、钢构件拼装场地、大型吊装设备行走和吊装场地等，场地利用必须科学规划、高效利用、严格管理并根据工程进展及时动态调整。因此，需要实施 4D 施工场地管理，将施工设施的 3D 模型与工程进度计划信息相链接，建立施工场地的 4D 动态管理模型，并通过智能辅助决策，实现施工现场设备、堆料区和其他各种施工设施的优化布置和可视化管理。

4. 协调管理与控制难度大

工程现场除建设、设计、监理单位外，国内外分包及材料供应单位近 200 家，参建各方间的沟通、协调和管理的效率直接影响工程建设，需要采用信息技术建设和应用多参与方之间的信息沟通平台、协同工作平台。

5. 施工资源繁多

需要一个先进的施工资源管理工具，以实现与施工进度计划相对应的动态的资源管理、方便的资源信息查询和可视化的资源状态显示。对应于不同施工方案，将施工进度、3D 模型、资源需求有机地结合在一起，通过优化施工方案和进度安排以降低工程成本。

6. 管理要求高

钢结构工程涉及 9 个钢厂、3 个深化设计单位、3 个钢结构加工单位、3 个现场拼装单位、2 个安装单位，钢构件运输距离 1600km，跨越五省三市。由于工期异常紧迫，钢材生产、深化设计、构件加工、运输、拼装和安装基本上同步进行，任何一个环节出现问题都可能造成整个工程的停滞和延误。同时，工程质量要求高，任何一条焊缝的缺陷都有可能造成工程隐患。因此，除了严格按合同和计划管理外，总承包单位还必须做到精细化管理，管到每一块钢板、每一个构件、每一条焊缝、每一个焊工的动态变化，需要采用基于互联网的信息化手段以实现分布在各地的钢结构参施单位间信息沟通、协同工作和钢结构工程的精细管理。

7. 窗口工程

国家体育场建设是整个奥运工程的重要窗口，在施工过程中需要面对社会各界人士的参观，如政府官员、新闻记者、中小学生等，他们绝大部分都没有土木专业的技术背景。因此如何形象、逼真地展示施工组织和施工过程成为了一个实际需求。需要实现施工项目的 4D 动态模拟，形象反映施工计划和实际进度。同时，由于安全等方面原因，不可能允许所有参观者到实际作业面参观，需要建立覆盖整个场区和主要作业面的视频监控系统，以满足观摩、总承包施工管理和政府监管的需要。

2.1.3 项目信息化建设的总体思路

国家体育场工程总承包施工信息化管理系统（见图 2-2）的建设是适应总承包的施工管理模式，以施工总承包单位（即北京城建集团国家体育场工程总承包部）的管理应用为主，涵盖总承包施工的全过程管理。即总承包部对业主（国家体育场有限责任公司）负责，并接受政府行政部门、2008 工程建设指挥部、奥组委、社会公众等的监督，对各个分包单位进行控制和管理，同时在全过程中协同各配合单位（如监理、设计单位）的工作。

国家体育场工程总承包信息化管理系统总体技术目标是建成以网络为支撑，业务流程为引导，专项软件应用为基础，信息管理为核心，项目管理为主线，使施工生产与管理实现一体化的施工总承包单位的信息集成应用系统。同时，系统具有开放性，可以与相关单位进行连接和沟通，便于进行推广。

根据总承包管理实际工作需要和适度超前的原则，坚持以应用为主导，根据实际需求形成需求分析，选择几个具有较强信息化管理和开发能力的单位作为合作伙伴，配合进行

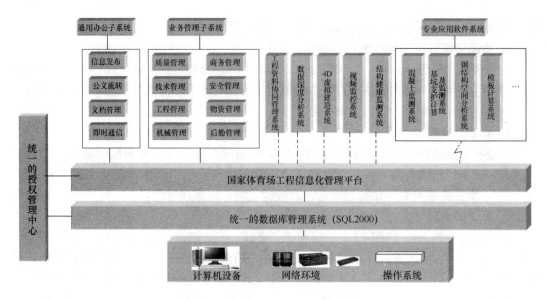

图 2-2　国家体育场工程总承包信息化管理系统体系结构图

系统开发、建设。

在软件系统平台建设初始阶段，重点进行框架的搭设，不采用大而全的现成系统，而是进行有针对性的、专门的开发和定制系统。功能上不贪大求全，力求做到简单、实用、易于扩展，在施工过程中根据实际需要，循序渐进，在总体规划下，分阶段进行建设，不断进行功能的完善和扩充。

最终目标是，在相关单位的通力配合下，建设一套科学合理的、适合大型工程总承包管理要求的信息化管理系统，并在类似工程上进行推广，促进建筑业信息化管理水平的提高，提高企业的竞争力，同时也为建筑业施工总承包领域信息化建设工作积累经验。

2.2　国家体育场工程总承包信息化项目简介

国家体育场工程总承包部根据工程实际施工管理的需要，建设、实施了十余项信息化项目，并进行了部署实施和推广应用，起到了良好效果，以下将介绍主要信息化项目研发和实施情况。

2.2.1　硬件、网络系统建设

为满足国家体育场工程施工管理以及信息化应用建设的需要，以总承包部为龙头建立了一套通过局域网、互联网连接在一起的、涵盖总承包各部门、各参施单位、市内外的材料供应、构件加工单位的计算机网络系统，建立了完备的信息化软件、硬件系统，为推行信息化管理提供了充足、便利的条件。

以该系统为载体和工具，部署了国家体育场总承包信息化管理系统、ePIMS＋网络协同办公系统、建筑工程 4D 施工管理系统、视频监控系统等各项软硬件应用系统。图 2-3 所示为国家体育场工程信息化系统硬件结构示意。

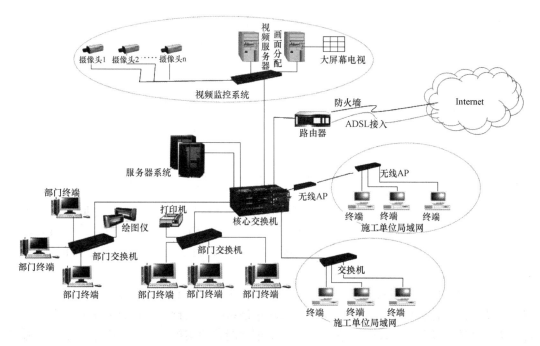

图 2-3　国家体育场工程信息化系统硬件结构示意

2.2.2　总承包综合信息化管理平台系统

为了提高总承包单位与众多参施单位之间、各业务系统之间信息沟通的效率，提高数据资源的利用率和各信息化系统之间的互联互通，总承包部与中国建筑科学研究院合作开发了国家体育场信息化平台，如图 2-4 所示。

图 2-4　OA 办公系统主界面

该平台主要以 OA 办公系统为核心，以文档为纽带，以网络为载体，突出了资源共享、交互沟通、数据互通等特点，涵盖了工程管理、技术管理、质量管理、安全管理、合同管理、综合办公等工程管理的各个领域，并整合了其他信息化系统，实现了资源共享和数据共享。

通过该系统的使用，总承包部与各分包单位之间、各业务部门、系统之间实现了信息互联互通，各种信息资源共享，极大地提高了办公效率，各级管理人员对工程状态一目了然，充分体现了信息化管理的效率。

2.2.3 建筑工程多参与方协同工作网络平台系统

建筑工程多参与方协同工作网络平台系统（简称 ePIMS＋）（图 2-5）是以互联网技术、SQL 数据库技术、XML 技术为支撑，通过提供对文档、图档和视档 3 种不同形式的建筑工程信息进行传送、管理及分析的功能，为参建各方的工程管理人员进行信息共享、协同工作以及科学决策提供高效的信息。

ePIMS＋系统对于国家体育场工程涉及众多参施单位的工程资料管理工作，提供了很好的支持。国家体育场工程的所有参施单位均在该系统上进行工程资料的编制工作，并通过网络和系统的流程管理功能，实现了远程审核功能，切实提高了工作效率。同时，通过系统的集约管理功能，对工程资料的状态实现了实时监控，保证了工程资料的及时、准确。

图 2-5　ePIMS＋系统主界面

2.2.4 建筑工程 4D 施工管理系统

国家体育场工程造型奇特，结构复杂，工序众多，进度里程碑事件不好直观表现，为了便于进行施工统筹安排，方便管理人员能够直观地了解工程结构特点，以及合理安排各类资源，我们自主开发了建筑工程 4D 施工管理系统，如图 2-6 所示。

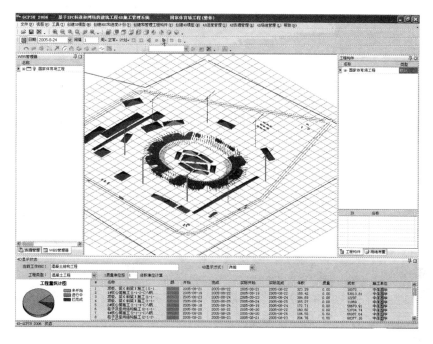

图 2-6　建筑工程 4D 施工管理系统主界面

该系统综合应用 4D-CAD、工程数据库、人工智能、虚拟现实、网络通信以及计算机软件集成技术，引入建筑业国际标准 IFC，通过建立基于 IFC 的 4D 施工管理扩展模型 4DSMM++，将建筑物及其施工现场 3D 模型与施工进度相链接，并与施工资源和场地布置信息集成一体，提供了基于网络环境的 4D 进度管理、4D 资源动态管理、4D 施工场地管理和 4D 施工过程可视化模拟等功能，实现了施工进度、人力、材料、设备、成本和场地布置的 4D 动态集成管理以及施工过程的 4D 可视化模拟，为提高施工水平，确保工程质量，提供了科学、有效的管理手段。

2.2.5　钢结构信息化管理系统

国家体育场钢结构工程是整个工程的重中之重，其结构复杂、构件体量庞大，涉及大量前所未遇的难题，加之钢结构制作加工单位众多，分布在多个省市，为了保证钢结构工程能够顺利完成，并将各参施单位有机地组合在一起，北京城建集团国家体育场工程总承包部与中国建筑科学研究院合作开发了钢结构信息化管理系统，并在互联网上开通专门的站点，以方便各单位人员的使用，如图 2-7 所示。

钢结构信息化系统以构件管理、质量管理、深化设计、工程协调、远程办公等为主要内容。通过该系统，可以对每一个构件的状态进行监控，可以随时对加工、安装情况进行检查，另外，在该系统上建立了以焊接质量跟踪系统为核心的质量管理系统，通过对焊接过程的跟踪和质量情况的记录，可以及时发现质量发展趋势，以便及时采取对策。

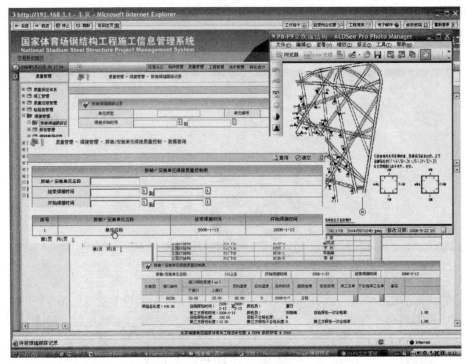

图 2-7　钢结构信息化管理系统主界面

2.2.6　视频监控

由于本工程占地面积大，结构复杂，很难对作业面进行全面的监控。为了使有关参施各方能够对工程进展状态、现场文明安全施工状态等及时监控，总承包部建立了基本覆盖主要施工部位的有线与无线相结合视频监控系统，如图 2-8 所示。

该系统由布置在现场主要制高点上的十余台摄像机，无线发射，接收设备，终端解

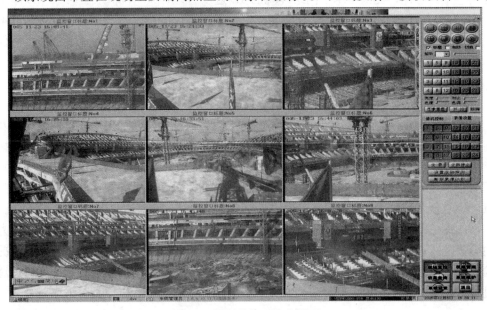

图 2-8　视频监控系统主界面

码/控制设备,两台视频服务器,视频上传设备等组成。摄像机在土建施工阶段布置在 9 台塔吊之上,钢结构施工阶段均匀布置在钢结构顶面外环之上。该系统通过视频服务器,将视频信号传输至总承包部网络系统之上,有关人员经授权后可以在本地计算机进行视频浏览和控制,并能自动保存视频信息。为了便于上级单位及不在现场的管理人员的使用,视频信号通过上传设备传输至互联网,提供远程监控服务。

通过该系统,极大地方便了现场管理,对于现场安全、文明施工等问题能够做到及时发现和解决,此外视频信号的保存对于情况回溯起到了很好的作用。

2.3　信息化系统建设完成情况

国家体育场工程信息化建设工作始于 2003 年 9 月,即开工前进行的施工组织设计大纲编制阶段。在施工组织设计大纲中,进行了信息化建设与应用的初步规划,提出了建设一个适合像国家体育场工程这样的大型工程及适合总承包管理模式的信息化系统,该系统是以施工总承包管理为主要管理模型,涵盖施工管理的各个方面,主要体现的是协同作业、数据交流、深层挖掘、增强效率为目的,满足工程建设过程对信息化的需求。

2003 年 11 月,北京城建集团国家体育场工程总承包部正式启动了信息化建设工作。国家体育场工程信息化建设过程中,分别与清华大学合作进行建筑工程多参与方协同工作网络平台系统(ePIMS+)、建筑工程 4D 施工管理系统(4D-GCPSU)两个项目的开发与应用,与中国建筑科学研究院合作进行总承包信息化管理平台系统、钢结构信息化施工系统、远程视频监控的开发应用,由城建集团安装公司承担现场网络硬件系统集成及视频监控、红外安防系统的建设,并承担维护服务工作。通过与上述单位的合作,国家体育场工程总承包部建成了一套覆盖全部施工单位的有线、无线相结合的网络系统、一套由多种软件平台组成的信息化管理平台系统、一套覆盖全部场区的有线、无线相结合的视频监控系统、一套生活区周边防范红外安防系统,并经过数次升级和改造,满足了工程管理的需要,并得到有效应用。

2.4　国家体育场工程信息化实施效果

国家体育场工程的信息化建设工作,从工程开工之前即开始组织、筹备,随着工程的进展,信息化建设和应用工作也随之不断展开和深入,各项系统全面得到推广,在实际使用中,起到了辅助工程管理的作用,提高了工作效率,为国家体育场工程的如期竣工起到了较大的作用。

1. 总承包综合信息化管理平台系统的应用

总承包综合信息化管理平台系统,为国家体育场工程众多的参施单位和分布在全国各地乃至国外的协作厂家和单位,提供了一套便利的交流工具,该系统的使用,使各级管理人员极大地提高了管理效率,使信息资源得到了共享,各业务部门、各项业务工作都做到了紧张有序、严丝合缝,杜绝了由于信息不畅而造成的工作延误。同时,不同业务部门、不同专业单位的各项工程数据,通过信息平台系统,实现了横向的数据共享,大大提高了工作效率,对工程的如期保质保量完成,起到了较大作用。

2. 钢结构信息化管理平台的应用

国家体育场钢结构质量控制与信息化的建设和使用，为鸟巢钢结构建设提供了便捷的工具，提高了工作效率，保证了工程进度和工程质量。其中长近 30 万 m 焊缝焊接质量一次探伤合格率达到 99.5%，第三方探伤全部合格，焊缝跟踪系统起到了较大的作用。通过构件管理系统，减少了构件加工、运输、现场拼装、安装过程中的不必要时间，为最终如期完成钢结构安装作出了贡献。国家体育场钢结构工程获得了中国建筑钢结构金奖，其中钢结构信息化系统的应用，得到了评审专家组的好评。

3. 建筑工程多参与方协同工作网络平台系统的应用

国家体育场各参施单位均使用 ePIMs＋系统进行本工程资料的编制，由于使用该系统，使更多的管理人员可以直接进行工程资料的编制工作，改变了以前只能由资料员利用工程资料软件进行工程资料填写的工作模式，更能及时、直接地反映工程的实际情况。

通过该系统，在网络上进行编制、审核、审批过程，在工程资料没有完成审核、审批流程之前，不需要进行打印输出，减少了人员来往和资料反复填写、打印的工作量。另外，由于该系统的集约化管理模式，使工程资料数据做到了集中管理，便于进行数据统计、分析和汇总，大大提高了数据的安全性和一致性，使总承包能够及时发现工程中存在的问题，并加以解决。

4. 建筑工程 4D 施工管理系统的应用

4D 系统在国家体育场工程近三年的实际应用表明，该系统有助于施工管理人员准确地掌握施工进展情况，及时发现和解决施工过程和现场的矛盾和冲突，明显地提高了工作效率和管理水平。4D 系统为国家体育场大规模、复杂的工程施工，提供了有效的管理手段，尤其是在钢结构与钢筋混凝土结构交叉施工期间的现场布置、工序安排提供了高效的模拟手段和管理工具，避免了由于工序交叉部署不当而造成的工期损失，切实提高了总包管理能力和施工水平，对于工程现场科学管理起到了较大的推动作用。

5. 视频监控系统的应用

本工程的视频监控系统，在工程结构施工阶段起到了较大的作用，通过在本地的监控，及时发现了多起火灾隐患，对工程的进展状态做到了一目了然，尤其是在恶劣天气以及不便于查看的部位，通过视频监控系统都能得到有效的监控，为确保工程安全施工起到了极大的作用。

国家体育场工程总承包部通过全面推进信息化建设和应用工作，切实从中得到了好处，各项工作均平稳、有序地展开，工作效率得到极大地提高。国家体育场工程的信息化建设和应用工作，还被建设部列为"十五"科技攻关项目"建筑业信息化示范工程"的子课题，于 2005 年 12 月通过了建设部科技司的鉴定，开发应用的"总承包综合信息化管理平台系统"还在北京城建集团五棵松体育中心工程、奥运村工程等其他奥运项目上得到了应用和推广。ePIMs＋系统作为国家"十五"科技攻关项目的研究成果，通过教育部组织的科技成果鉴定，鉴定结论为"该系统在综合功能和实用性上达到国际先进水平"。建筑工程 4D 施工管理系统于 2006 年 11 月 3 日通过了教育部组织的专家鉴定，专家鉴定委员会评价该系统的研制成功和实际应用属国内首创，填补了国内空白，达到了国际先进水平，获 2009 年建设部华夏建设科学技术一等奖。

第 3 章 基于 IFC 标准的建筑工程 4D 施工管理系统

3.1 系统概述

随着计算机技术的飞速发展，实现建筑施工管理的信息化、可视化、智能化已成为施工领域中的一个研究热点。建筑工程 4D 施工管理系统（4D-GCPSU）综合应用 4D-CAD、工程数据库、人工智能、虚拟现实、网络通信以及计算机软件集成技术，引入建筑业国际标准 IFC（Industry Foundation Classes），通过建立基于 IFC 的 4D 施工管理扩展模型 4DSMM＋＋（4D Site Management Model＋＋），将建筑物及其施工现场 3D 模型与施工进度计划相链接，并与施工资源和场地布置信息集成一体，实现了施工进度、人力、材料、设备、成本和场地布置的 4D 动态集成管理，以及整个施工过程的 4D 可视化模拟，如图 3-1 所示。系统遵循 IFC 标准，实现了建筑设计与施工管理的数据交换和共享，可以直接导入设计阶段定义的建筑物 BIM 模型，并用于 4D 施工管理，在很大程度上减少了数据的重复输入，提高了数据的利用效率，减少了人为产生的信息歧义和错误。为提高施工水平，确保工程质量，提供科学、有效的管理手段。

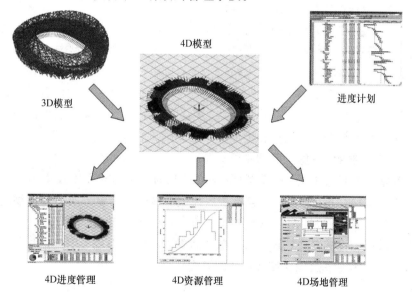

图 3-1 4D 信息模型的概念

4D-GCPSU 系统的研究发展了 4D 理论，不仅覆盖了国外同类系统的主要功能，而且扩展了管理功能和应用范围。在 2006 年 11 月通过的教育部组织的专家鉴定会上，专家认为：与国外同类系统相比，该系统在支持基于 IFC 标准的数据集成与交换、建立 4D 扩展模型及其信息集成机制、实现以 WBS 为核心的 4D 集成化施工管理和建立基于网络的 4D 可视化平台等方面具有创新性。

3.1.1 应用背景

根据国家体育场建设施工管理的实际需求，我们开发和应用了"国家体育场项目 4D 施工管理系统"。将已有的"建筑工程 4D 施工管理系统"应用于国家体育场工程施工方案、进度计划、场地布置的制定及其 4D 可视化模拟，继而根据国家体育场的工程进展和系统设计目标，采用分步实施、版本升级的策略，进行系统研制、开发和应用，先后开发并应用了 4D-GCPSU 2004、2005、2006 三个版本系统。

通过国家体育场工程近三年的实际应用表明：4D-GCPSU 系统的应用有助于施工管理人员准确地掌握施工进展情况，及时发现和解决施工过程和现场的矛盾和冲突，明显提高工作效率和管理水平。系统为国家体育场大规模、复杂的工程施工，提供了有效的管理手段，提高了总包管理能力和施工水平，对于工程的信息化管理起到了较大的推动作用。

3.1.2 关键技术

1. 基于 IFC 标准的数据集成与交换技术

针对不同的系统应用，综合采用通过 IFC 中性文件交换数据、通过数据转换接口实现数据交换和利用工程数据库实现信息集成和数据交换三种方法，实现了系统的信息集成和数据交换。

2. 基于 IFC 标准的工程信息建模技术

本系统所建立的建筑工程信息模型是对建筑工程实施过程的抽象描述，该模型是在 IFC 工程管理数据对象模型的基础上所建立的数值和逻辑模型。模型中的数据和信息都采用面向对象的方法、模块化的方式加以组织，具有完整而严密的数据结构，便于计算机对数据进行分析和整理。模型包含了工程实施过程不同阶段的所有相关信息，保证模型信息的完备性。同时，系统可以维护和管理这些实体对象的内容、对象的属性以及对象之间的逻辑关系，保证模型数据的一致性和模型对象之间的关联性。

3. 基于 IFC 标准的 4D 施工管理扩展模型

通过研究基于 IFC 标准的 4D 模型理论和 3D 几何模型与时间以及工程信息的集成机制，建立了基于 IFC 标准的 4D 施工管理扩展模型。该模型主要考虑了建筑物的基本信息和施工过程信息，实现了 3D 信息模型与进度的双向链接。4D 施工管理扩展模型集进度、成本、人力、材料、机械以及场地等多种施工资源于一体，形成了多维信息集成和管理。

4. 基于 IFC 的建筑施工 4D 管理系统的开发技术

4D-GCPSU 系统的开发，综合应用了 4D-CAD、工程数据库、人工智能、虚拟现实以及计算机软件集成等先进技术。系统设计为基于组件的开放体系结构，可以使应用程序具有很好的复用性和可维护性。系统通过一个进度管理引擎接口，能够与不同的计划管理软件相链接，以适应不同的应用要求。系统还提供了较强的个性化服务，可以根据不同的工作内容呈现不同的工作界面，结合图形、图标及工作向导等多种表现形式，易于用户操作和使用。

3.2　4D施工管理系统需求调研及分析

通过召开研讨会、个别走访等方式进行实地需求调研，针对国家体育场工程总承包管理模式和大型、复杂工程施工特点，了解其施工管理的实际需求。并通过在国家体育场工程中试用已经开发的4D施工管理系统，获取具体反馈意见。经过对调研结果的归纳和分析，完成了《基于IFC标准的建筑工程4D施工管理系统需求分析报告》。其中对系统的功能需求主要包括以下几点。

3.2.1　可视化的施工指挥平台

国家体育场工程具有极其不规则的几何外形，主要由基础工程、钢筋混凝土看台工程、钢结构工程3个主要部分组成，其鸟巢般的钢结构是体育场的特点，也是主要施工的难点，牵扯到复杂的结构分析和施工过程中的力学计算。传统的2D施工图纸很难表现钢结构极其不规则的外形和杆件间的连接关系，要读懂图纸所表达的设计意图比较困难，需要把多张相关联的图纸叠放在一起，通过反复多次的分析才能够得出建筑物的立体模型，给工程技术人员的相互交流带来了很大的困难，也造成技术人员和施工人员难以理解施工意图和正确地接受施工任务。

因此，工程管理需要建立一个可视化的施工指挥平台，提供复杂结构的三维表现功能，能够直观、准确、动态地模拟施工方案，按照指定时间显示当前的施工进度和状态，发现并及时调整施工中的冲突和问题，为指挥、协调和监督各分包单位的施工计划和实际进度，提供一个施工指挥工具，方便工程管理人员交流与工程指挥部署。

3.2.2　形象的施工进度管理

传统计划方法中表达工作进度计划的横道图、各种资源计划的直方图，是普遍应用的表达形式。20世纪60年代发展起来并得到广泛应用的网络计划技术，以计算机为工具，可设计表达计划中各个工作的先后顺序以及逻辑关系，通过计算找到关键线路和关键工作，选择最优的方案付诸实施，其计划内容和逻辑关系，是用网络图来表达。然而，施工操作是一个高度动态的过程，大量的变化以及相应的调整时有发生，有些还可能直接影响工程进度，所以，施工管理者需要计划和控制每月、每周甚至每天的施工操作，动态地分配所需要的各种资源和工作空间。现有的计划工具显然不适于建立这种计划，抽象的图表也难以清晰地表达其动态的变化过程，尤其不能描述施工场地的使用和布置。施工管理人员只能根据经验制订计划，计划的正确与否只能在实践中检验。

国家体育场工程规模庞大、结构复杂，而且严格地施工规范、更高的性能需求、紧张的工期、分散的施工队伍、新的建筑形式等因素给整个工程的施工组织、计划控制和现场管理等带来空前的难度。为了贯彻我国政府提出的"绿色奥运、科技奥运、人文奥运"的理念，确保国家体育场工程高效、顺利地进行，关键在于应用高新技术，对施工过程进行科学、严格地管理和控制。如何在项目建设过程中合理制订施工计划，精确掌握施工进程，优化使用施工资源以及科学地进行场地布置，以对整个工程项目各参建方的施工进度、资源和质量进行统一的动态管理和控制，是总承包商所面临的现实和亟待解决的问题。

4D-CAD技术的提出和研究为实现建筑施工动态管理和可视化模拟提供了可能。应用建筑施工4D管理系统，施工各参与方可以通过4D模型，非常直观地查看到与进度相关联的施工进展情况，动态的调整和控制进度计划，并能建立多个计划方案，通过对不同计划的4D模拟显示，以直观的方式表现各种方案的异同，为施工方案的比选与分析提供手段。

3.2.3　动态的施工资源管理

施工现场的资源种类繁多，数量巨大。实际工程需要一个可视化的资源管理工具，为施工管理者提供动态的资源管理、方便的资源信息查询和可视化的资源状态显示。为管理者调整资源分配，作出正确决策起到很好的辅助作用。

建筑施工4D管理系统可利用构件的3D实体模型自动提取其体积、表面积等信息，通过系统定义的资源模版，计算相应的人、材、机的用量以及工程造价。由于系统将施工进度、3D模型、资源需求有机地结合在一起，还可自动计算任意构件或构件组在不同施工时间段内的资源需求。从而对应于施工进度计划实现了资源的动态管理。

3.2.4　3D施工场地布置

现场管理主要涉及施工场地的合理布局、施工空间的优化使用和施工设施的动态管理，它直接影响到施工安全、设备运转、材料供给以及劳动力调配乃至整个施工进度和成本。应用计算机进行可视化的场地布置，已经成为许多专家学者研究的一个重要课题。对于国家体育场工程，由于施工场地范围大，施工机械繁多，并涉及多个分包单位和多个独立施工面，因此，如何合理进行场地布置，科学利用施工空间，直观、实时显示场地布置计划和实际状况，以便统一管理整个施工现场人力、材料、设备以及空间的利用，协调各分包单位的施工组织，成为一个迫切需要解决的实际需求。

4D施工场地管理系统是"建筑施工4D管理系统"的一个重要功能，可以将施工设施的3D模型与工程进度计划信息相链接，建立施工场地的4D动态管理模型，并通过智能辅助决策，实现施工现场的优化布置和可视化管理。4D施工现场管理系统不仅仅要实现施工现场的可视化，使用户可以看到建筑物施工过程的图形模拟，而且还要对整个现场管理随施工进度进行自动优化和控制，辅助施工管理人员完成施工现场设备、堆料区和其它各种施工设施的布置。

3.2.5　施工过程基础数据管理

传统的施工数据以文档、表格、图纸等方式来记录，给数据的查询带来很大的麻烦，不利于数据的再次利用和挖掘。因此要求通过工程数据库来解决上述问题。允许用户利用文本的方式查询需要的数据，或者将查询结果以三维图形的方式显示。同时，用户也可以通过在图形界面上选择三维实体，得到对应实体的工程信息。

3.3　基于 IFC 的建筑工程 4D 施工管理系统的设计与开发

在上述调查和研究的基础上，对"基于 IFC 标准的建筑工程 4D 施工管理系统"进行了详细的系统设计，包括程序设计、数据结构设计和用户界面设计，完成了《基于 IFC 标准的建筑工程 4D 施工管理系统设计报告》。以下将就系统的设计与开发情况进行简要介绍。

3.3.1　系统整体架构设计

1. 网络结构设计

由于系统需要满足多用户的协同工作和信息共享，因此需要为其选择恰当的网络应用模式。目前，常用的网络应用模式主要包括"浏览器-服务器（Browser Server，BS）"模式、"客户端-服务器（Client-Server，CS）"模式以及"点对点（Peer to Peer，P2P）"模式三种，它们有着各自的特点和应用范围，如图 3-2 所示。

其中，BS 模式的特点是客户无需安装任何客户端，直接使用 Web 浏览器即可使用系统的相关功能，因此应用方便。其缺点在于计算逻辑放在服务器端执行，服务器负荷较大，且界面表现能力有限。CS 模式则由客户端和服务器端两个部分组成，因此可以在服务器端和客户端之间合理分配业务逻辑，从而充分利用客户端的计算能力，同时能增强客户端的界面表现。P2P 模式是程序的一个实例，同时扮演客户端和服务器两种角色，常用于即时通信系统中。

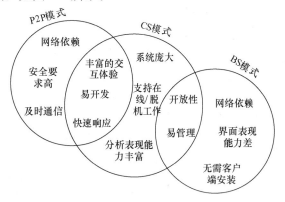

图 3-2　网络应用模式对比

由于 4D-GCPSU 系统需要以三维图形作为最基本的表现，对客户端的图形表现有较强的需求，且三维模型数据量极其巨大，模型变换和渲染所需要的计算量也很大，无法全部放在服务器端处理。此外，在统计分析等需要图表进行显示方面，CS 结构的客户端表现能力更加符合 4D-GCPSU 要求。因此，本系统选取 CS 模式作为网络结构。

2. 逻辑结构设计

根据选定的网络模式，为 4D-GCPSU 设计了一个如图 3-3 所示的逻辑结构图。

在 4D-GCPSU 2006 系统中进行 4D 施工管理，首先需要建立建筑对象的三维模型。可以应用一些商品化专业三维建模软件（如 AutoCAD、CATIA 等）建立三维模型，再通过一个模型数据接口导入到 4D-GCPSU 系统中。与此同时，在进度管理软件中（如 Microsoft Project）所编排的进度计划也可通过一个进度接口，将 WBS 及进度数据导入到 4D-GCPSU 系统中。4D-GCPSU 系统提供了一个内置的 4D 关联工具，可以帮助用户方便快捷地将三维模型和进度信息关联。以此为基础，4D-GCPSU 系统便可以进行 4D 施工过程模拟及 4D 进度管理等操作。与目前国内外其他 4D 应用系统相比，4D-GCPSU 系统在传统的 4D 核心信息（三维模型＋时间）基础上，扩展了资源信息（人力、材料、机械、

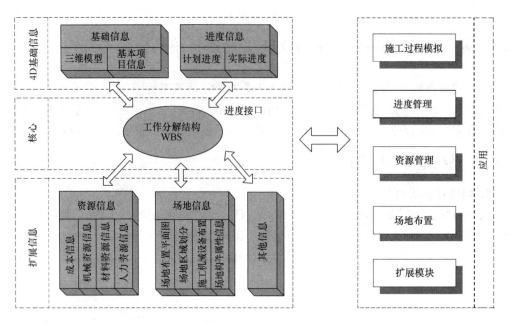

图 3-3　4D-GCPSU 系统的逻辑结构

成本等）和场地信息（场地设施布置、属性等）。这些扩展的信息能帮助施工管理人员进行动态的 4D 资源管理、4D 场地布置。

3. 物理结构设计

4D-GCPSU 的物理结构为典型的 CS 结构布置，如图 3-4 所示。服务器端配置路由

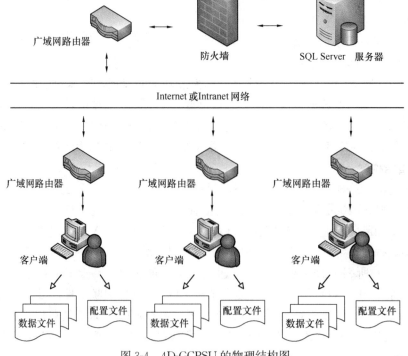

图 3-4　4D-GCPSU 的物理结构图

器、防火墙以及 SQL Server 服务器一台，负责提供数据（包括项目数据、用户角色权限、日志、版本）访问和管理服务。客户端为可通过路由器连接入 Internet 或 Intranet 的个人电脑，每台电脑上均可运行一个或多个 4D-GCPSU 客户端程序。

客户端中还通过一个以 XML 文档形式保存系统配置信息和项目具体细节的配置文件，对 4D-GCPSU 的应用环境进行设置。对于所管理的每一个项目，包含多个以二进制的形式，将远程数据库中最新数据的拷贝，映射到并缓存在本地计算机中的文档，用来提高 4D-GCPSU 读取数据的效率。4D-GCPSU 的数据控制机制可以保证用户只需要打开项目便可获取最新数据，而不需要关心当前本地数据是否是最新版本，以及应该选择远程还是本地数据等问题，便于用户使用。

3.3.2　4D-GCPSU 系统的开发应用平台

根据国家体育场的工程进展和系统设计目标，采用分步实施、版本升级的策略，进行系统研制和开发，先后完成了 4D-GCPSU 2004、4D-GCPSU 2005、4D-GCPSU 2006 三个版本，系统开发、运行的相关软、硬件环境如下。

1. 系统开发环境

开发语言：Object Pascal 语言、C++语言、C♯语言、SQL 查询语言。

开发工具：Microsoft Visual Studio . Net 2005；OpenGL 函数库；Autodesk Object-ARX for AutoCAD 2004。

2. 系统运行的硬件环境

服务器：Intel Pentium 4 CPU 2.5G；512M 内存；120G 硬盘。

客户端：Intel Pentium 4 CPU 1.7G；1G 内存；60G 硬盘；64MB 显卡；1024×768 以上分辨率。

3. 系统运行的软件环境

服 务 器：Windows 2000 Server 或 Windows 2003 Server；Microsoft SQL Server 2000。

客户端：Windows XP Professional；AutoCAD2004 或以上；Microsoft Project 2003。

3.3.3　系统开发过程

根据国家体育场先后完成的 4D-GCPSU 2004、4D-GCPSU 2005、4D-GCPSU 2006 三个版本。各版本系统的主要功能和升级情况如下。

1. 4D-GCPSU 2004 系统

4D-GCPSU 2004 是根据国家体育场工程的实际需求，在已有建筑施工 4D 管理系统 4D-GCPSU 的基础上，进行了大量功能扩展和完善。系统以选择 Windows 作为运行平台，以 AutoCAD 2004 为图形支撑环境，Microsoft Project 2002 为进度管理系统，数据库采用 Microsoft Access 2003，开发语言是 Visual C++、Delphi 语言。

主要功能包括：

（1）创建 3D 建筑模型：提供了 AutoCAD 参数化的 3D 建模系统。

（2）创建 WBS 和进度计划：提供了工程 WBS 创建功能和 Microsoft Project 引擎接口，实现了系统中 WBS 节点与 Project 任务节点相链接。可在 4D 管理系统或 MS-Project

中创建 WBS 和进度计划。

（3）工程构件管理：用户可以根据 WBS，对 3D 模型进行施工层、段或单元划分，创建 3D 构件组，并可为建筑构件自动添加相应的工程属性信息。

（4）创建 4D 模型：采用自动和手动方式将 3D 构件组与相应的 WBS 节点相关联，生成 4D 模型，实现 3D 模型与进度计划以及工程信息的链接。

（5）4D 施工进度管理：包括施工进度控制、实际进度录入、施工进度 4D 模拟、计划进度与实际进度对比分析以及施工信息的实时查询等。

（6）4D 施工过程可视化模拟：可以按天、周、月为时间单位，选择任何施工时间段和任意 WBS 节点和 3D 施工对象进行 4D 可视化模拟，还可实时显示相应的工程量以及施工信息，做到对整个施工过程的动态追踪。

（7）4D 动态资源管理：可以自动计算任何施工时间段内，任意 WBS 节点和 3D 施工对象人、材、机的消耗量和相应的预算成本，对应于施工进度计划，实现了资源的动态管理。

（8）4D 施工场地管理：利用系统提供的一系列工具可进行 3D 场地布置，自动定义施工设施的 4D 属性。点取任意设施实体，可查询其名称、标高、类型、型号以及计划设置时间等施工属性。使场地布置与施工进度相对应，形成 4D 动态的现场管理。

2. 4D-GCPSU 2005 系统

4D-GCPSU 2005 系统是基于 IFC 标准以及信息集成和交换技术的研究，针对 4D-GCPSU 2004 在国家体育场工程应用中出现的问题，完全按照需求分析系统设计开发的新系统。其重大升级和主要功能扩展为以下几个方面。

（1）提供了 IFC 文件解析器和 IFC 标准数据接口引擎，可读取其他 CAD 系统输出的 IFC 文件生成 3D 模型，还可通过 IFC 模型转换，将系统的 3D 模型输出为 IFC 格式文件，支持设计和施工阶段以及与其他应用系统之间的信息交换和共享。

（2）以自主开发的 OpenGL 图形平台取代 AutoCAD，作为系统的支撑环境，提供了视图变换、图形控制以及 4D 图形管理等功能，增强了 4D 动态模拟效果，圆满地解决了国家体育场工程大量、复杂 3D 模型显示效果和运行速度的瓶颈问题。

（3）进一步完善和改进了系统功能，包括：多套施工进度计划管理、多条件施工信息实时查询、WBS 与 3D 施工段模型的联动控制、计划进度和实际进度资源用量的对比分析等。

（4）开发了更为先进的图形用户界面，提供了较强的个性化服务，可根据不同的工作内容呈现相应的工作界面，结合图形、图标及工作向导等，使系统易学易用。

4D-GCPSU 2005 有效地解决了设计与施工的信息交换和 3D 图形平台问题，在很大程度上提高了系统的技术水平，大大增强了系统的实用性，基本满足了国家体育场工程施工管理的实际需要。

3. 4D-GCPSU 2006 系统

4D-GCPSU 2006 是针对国家体育场工程项目和工程总承包管理模式，基于网络环境开发的新系统。系统完全更换开发平台，以自主开发的 OpenGL 图形平台支撑环境；Microsoft Project 2003 为进度管理系统；数据库采用 Microsoft SQL Server；开发语言采用是 Object Pascal、C#、SQL 查询语言。

（1）4D-GCPSU 2006 提供了基于 Client/Server 网络环境的 4D 可视化工作平台，可支持工程项目的各管理部门和各参与方的信息交换，实现了 4D 施工管理的网络化。

（2）系统增加了用户权限管理、数据远程控制等功能。

（3）完善了 4D 资源管理和施工场地管理功能，包括施工资源计划与实际消耗的对比分析、场地布置知识库检索和冲突检查等。

3.4　4D-GCSPU 系统的应用实践

3.4.1　用户管理

4D-GCPSU 系统为工程项目用户的不同管理部门和参与方提供了不同的用户权限，系统管理员可以通过对登录账号的管理，完成新建工程、用户管理及用户权限的配置等功能。

1. 连接远程服务器

用户管理工具是为系统管理员管理系统使用者的工具，系统管理员输入远程数据库的用户名和密码，以及远程数据库服务器的地址，就可以连接到远程数据库的系统数据库，对用户、工程、权限等信息进行配置和管理。

2. 用户管理

系统管理员可以在此界面下，添加用户、修改用户信息、删除用户、修改密码等操作，所有用户信息都会显示在用户列表中（见图 3-5）。

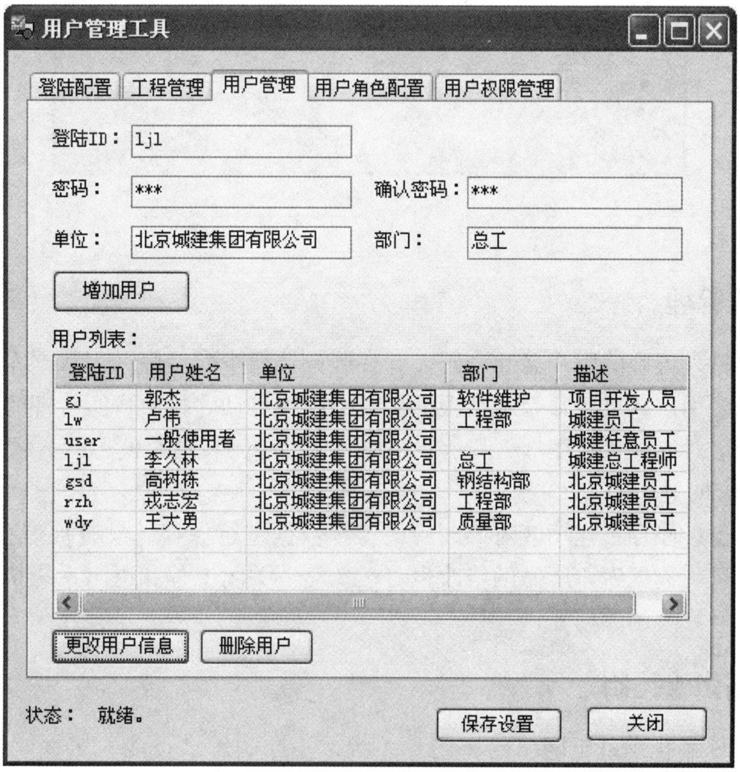

图 3-5　用户管理界面

3. 用户角色配置

系统预设了多种用户角色，包括系统管理员，项目经理，施工进度管理、材料管理、设备管理、质量安全管理、现场管理等各部门工程师以及一般用户等，还可以根据需要添加用户角色。每个用户角色可以被使用者赋予不同的操作权限，这些权限包括系统全局或部分的浏览、操作和修改等功能。

4. 用户权限管理

系统管理员为用户建立账号，并指定用户角色以及对应工程项目。当用户持用户名及密码登录时，系统才能赋予针对相应工程的相应操作权限。其操作界面如图 3-6 所示。

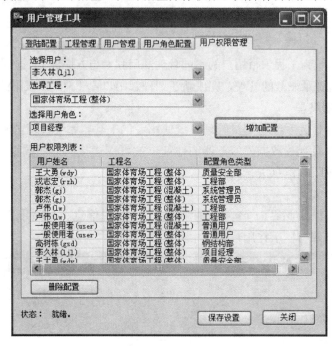

图 3-6　用户权限管理

3.4.2　工程管理

用户需要输入正确的用户名和密码，并在服务器栏中配置好远程数据库地址，才可访问远程数据库。用户登录后，系统会根据用户的权限自动寻找用户所管理的工程信息并弹出工程信息列表对话框，如图 3-7 所示。用户选择一个工程后，便可载入该工程的项目信息并进行 4D 管理工作。

用户可以通过保存工程功能对修改后的工程数据进行保存。没有被保存的修改数据，将不被提交到远程数据库，所做的修改也将被忽略。关闭工程和退出系统功能都会提示用户是否保存已经修改的数据。

3.4.3　数据修改控制

4D-GCPSU 系统是基于网络的多用户系统，不同的用户可能对某些功能具有相同操作权限，所以多用户同时做修改操作时，可能出现冲突问题。为了避免多用户对数据修改

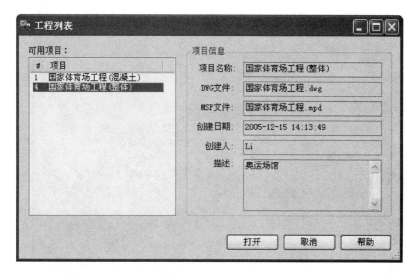

图 3-7　工程列表对话框

的冲突，系统采用了版本控制的机制。

1. 用户权限判断

当用户试图进行某个修改工程数据的操作时，系统首先会自动判断该用户是否具备此操作的权限，如果不具备此权限，系统会弹出对话框，如图 3-8 所示。只有当用户具备此项操作的权限，系统才会允许用户进行操作。

图 3-8　权限受限提示

2. 数据签出

当用户尝试修改数据，系统会自动判断用户是否具有修改该数据的权限。如果具备此权限，则会弹出签出编辑对话框，提示用户需要签出数据，以确保项目各分项数据不会被多人同时修改，同时提示用户最近一次修改的记录信息，如图 3-9 所示。

从当前用户签出数据，到当前用户保存修改数据（签入数据），此期间其他用户是不能对此类型数据进行修改的。如果有用户试图进行修改，系统会提醒用户数据已经被签出，不能进行修改。

3. 数据签入

当用户完成对数据的修改操作，需要把修改结果保存至数据库时（即保存工程时），系统将弹出签入对话框，列出当前用户涉及修改过的所有类型数据。用户根据需要可以勾选需要保存的数据，就可以保存数据至数据库，同时数据也被系统签入，其他用户也就可以对数据进行修改。

4. 多用户操作

当用户尝试修改工程项目数据时，系统在判断用户权限后，再判断该数据是否已被签出。如果已有其他用户签出数据，系统将禁止用户对此数据进行修改，从而保证数据的唯一性和完整性。

5. 版本对比及更新

用户每次打开工程时，系统将自动获取本地数据及远程数据的版本号。如果本地数据

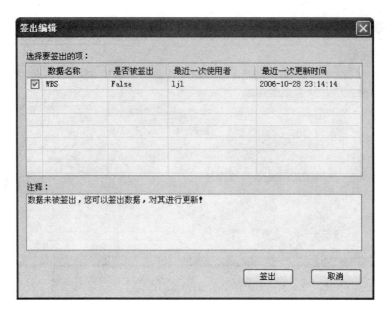

图 3-9　数据签出对话框

版本低于远程数据库数据版本，系统将自动从远程数据库下载并更新本地数据，从而保证数据的及时性。

3.4.4　创建 3D 模型

在 AutoCAD 平台上开发了一套参数化的建筑构件 3D 建模系统。利用系统提供了梁、板、柱、墙等常用建筑构件类型的参数化建模工具，用户只需输入少量的参数就可以快捷创建构件的 3D 模型。为了充分利用已有的建模成果，系统也可以读取已有的 AutoCAD 三维实体模型。三维建模用户界面如图 3-10 所示。

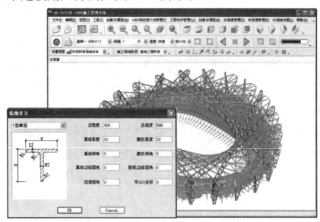

图 3-10　三维快速建模界面

系统还提供了 IFC 数据导入功能，利用支持 IFC 的设计软件输出的结果，通过自主开发的 IFC 解析器读取信息，建立 3D 建筑模型。图 3-11 所示为 4D-GCPSU 中利用 IFC 数据导入创建的国家体育场看台模型。

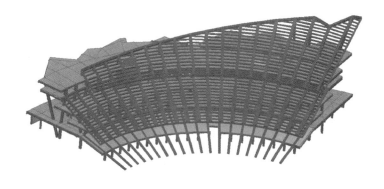

图 3-11　利用 IFC 数据导入创建的国家体育场看台模型

同时，可以在其他 CAD 或图形系统中建立 3D 模型，通过数据接口将模型直接导入到 4D-GCPSU 中。图 3-12 表示了用 CATIA 创建的国家体育场钢结构 3D 模型。

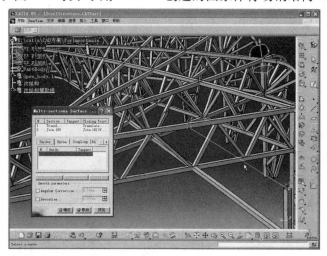

图 3-12　在 CATIA 中创建的国家体育场钢结构 3D 模型

3.4.5　创建 WBS 和进度计划

WBS 是 4D-GCPSU 系统的核心。系统提供了工程 WBS 创建功能和 Microsoft Project 引擎接口，实现了系统中 WBS 节点与 Microsoft Project 任务节点相链接。基于系统自动生成的 WBS 树状结构，用户可以自定义 WBS 节点类型，将 WBS 结构分为整体工程、单项工程、分部工程、分层工程、分段工程等多层节点。用户可用两种方法创建 WBS 和进度计划。

1. 导入 WBS 和进度信息

在 Microsoft Project 中建立 WBS，编制进度计划，通过系统的进度同步功能，自动将进度信息导入到 4D-GCPSU 2005 系统中，生成 WBS。

2. 创建 WBS 和进度计划

利用 4D-GCPSU 2006 系统的 WBS 编辑器和预先定义的标准施工流程的工序模板，并设定各个 WBS 节点的工期以及任务的依存关系，系统的进度同步功能可将 WBS 信息导入到 Microsoft Project 中，自动生成进度计划。

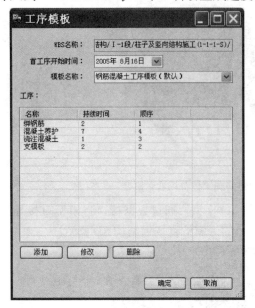

图 3-13 工序模板对话框

3. WBS 编辑器

4D-GCPSU 2006 提供了方便快捷的 WBS 编辑功能，允许用户增加、修改、删除 WBS 节点。用户不仅可以常规的依次添加 WBS 节点，还可以将同层次的节点一次批量添加，同时还可以对多个节点的相同属性进行批量修改，大大提高了 WBS 信息输入的效率。

用户可以设置、查询 WBS 节点的扩展信息，扩展信息主要包括施工单位、节点类型、计划开始及结束日期、实际开始/结束日期等。用户也可以通过 WBS 属性对话框对其扩展信息进行修改。

4. 工序模板

通过标准施工流程的工序模板，用户可以直接或只做少量修改就可以为 WBS 节点添加施工工序节点，大大提高了工作效率。工序模板界面如图 3-13 所示。

在 4D 模拟显示中，不同的施工工序以不同的颜色来表示，系统提供了 WBS 工序节点颜色指定的功能，可以为不同的工序节点设定相应的表示颜色，在施工模拟中代表不同的施工工序。工序颜色设定的界面如图 3-14 所示。

图 3-14 工序颜色设定

3.4.6 3D 工程构件的创建及管理

1. 3D 施工段的创建

系统提供了 3D 工程构件管理功能，用户可以根据 WBS，对 3D 几何模型进行施工层、施工段或施工单元划分，简称"施工段"，创建后的施工段以树状列表展示。

2. 施工段属性设置与编辑

系统可为施工段自动添加相应的工程属性信息，如构件类型、材料、体积等。也允许用户任意添加扩展信息，如施工单位、质量要求等。这种附加了工程信息的施工段或构件称之为 3D 工程构件。图 3-15 所示为施工段工程属性界面。

工程属性可以是简单的数字或文本，也可以是复杂的复合数据。这些属性值保存在工程数据库中。用户通过 WBS 或在图形屏幕上点取任意施工段，可查询或修改构件的属性数据，实现对工程构件的管理。

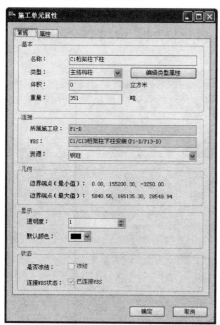

图 3-15　施工段工程属性设置与编辑

3.4.7　创建 4D 模型

将具有工程属性的 3D 工程构件与相应的 WBS 节点相关联，完成 4D 模型的创建。由于 WBS 节点已与 Project 任务链接，则实现了 3D 模型与进度计划的链接以及与工程信息的集成。

有两种方法可快速建立 4D 关联：用户通过系统提供向导和工具进行手动关联，只需简单的拖动构件组到相应的 WBS 节点，即可完成链接操作，系统自动生成工程项目的 4D 模型。通过自动关联方式，用户可在关联规则设置中选择关联规则，在自动关联浏览中选中需要关联的施工段名，系统可以根据用户输入的关联规则为施工段和 WBS 节点自动建立链接关系，从而简化了用户的操作。

系统还可自动统计 4D 模型的相关状态，包括：施工段数量、施工单元数量、被冻结的施工单元数量、WBS 节点数量、工序节点数量、分段节点数量、已完成的节点数量以及未连接 WBS 节点的施工单元数量。

3.4.8 4D 施工进度管理

完成 4D 施工模型的创建以后，就可以对施工项目进行日常的 4D 动态管理和可视化模拟，其中 4D 进度管理是核心。系统通过自主开发的进度管理引擎连接和定义的一组标准的调用接口，提供对进度数据的访问。遵循该接口的定义，系统建立了与 Microsoft Project 连接，实现了 4D 系统与 Microsoft Project 的数据同步交换。其主要管理功能如下。

1. 实施方案比选

根据实际工程管理的需求，系统允许用户输入多套施工进度方案，提供不同方案之间快速切换，供用户对方案进行选择，进行方案的对比和分析。图 3-16 所示为进度方案管理界面。

图 3-16　进度方案管理界面

2. 施工进度的 4D 显示

计划进度和实际进度可在 Project 中用甘特图表示，也可在 4D 系统中以动态的 3D 图形展现，如图 3-17 所示。通过三维模型上的不同颜色，代表施工进行过程中的不同施工工序和状态，同时已完成的构件以事先指定的 WBS 颜色显示。

3. 施工进度控制

系统允许用户通过 Microsoft Project 进度计划管理界面，对进度进行调整和控制，当 Microsoft Project 中的进度计划被修改，图形界面中的 4D 施工模型也随之改变。系统也允许用户在图形界面中，进行对施工进度进行动态管理与调整，修改施工对象的进度时间和当前施工状态，系统会自动更新进度数据库，调整 MS-Project 进度计划，同时刷新 4D 显示图像。图 3-18 展示了对 WBS 节点的开工时间进行调整。

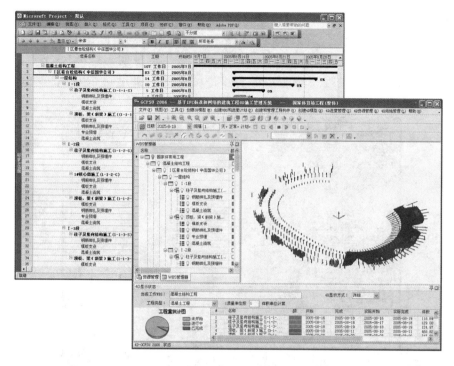

图 3-17　施工进度的 4D 显示

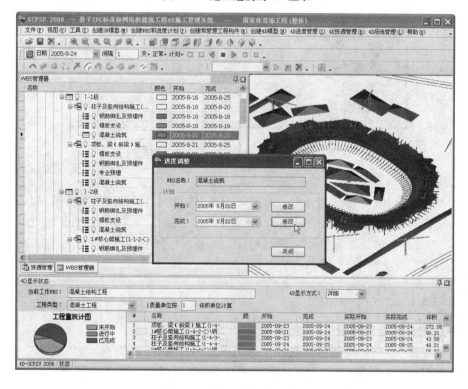

图 3-18　施工进度计划调整

4. 实际进度追踪

系统通过编辑进度计划，可以方便、快捷地记录施工的实际进度，并提供了实际进度的追踪查询、4D 模拟等功能。系统还提供了按指定日期，对 WBS 节点或施工段进行进度计划执行情况的跟踪功能，将实际进度与计划进度进行对比分析，如图 3-19 所示。

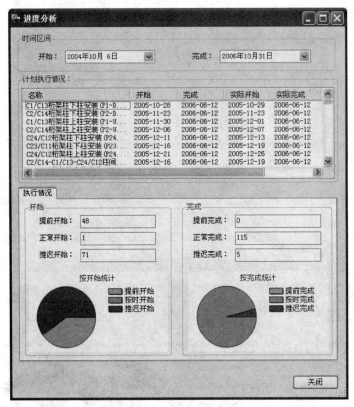

图 3-19　实际施工进度与计划进度对比分析

5. 指定当前工作 WBS

由于系统中 WBS 节点都是与相应的 3D 工程构件相关联，用户只需将某 WBS 节点指定为当前工作 WBS，可以针对某个 WBS 节点和相应的施工段进行 4D 管理，此时，只有与该 WBS 节点相关的施工段模型才能进行 4D 显示、查询和管理等相关操作。此功能有助于对各分包工程的管理。

3.4.9　施工信息查询与管理

1. 施工对象选取和查看

系统可以在 3D 整体模型中选取任意施工段、施工单元或构件，放大显示在视图中，并可进行多视角的三维浏览。这对于复杂钢结构构件的现场吊装十分有用，图 3-20 展示了国家体育场钢结构吊装单元的查看。

2. 多条件施工段查询

通过设置属性、运算符和条件值等查询条件，系统可以将满足查询条件的施工段或

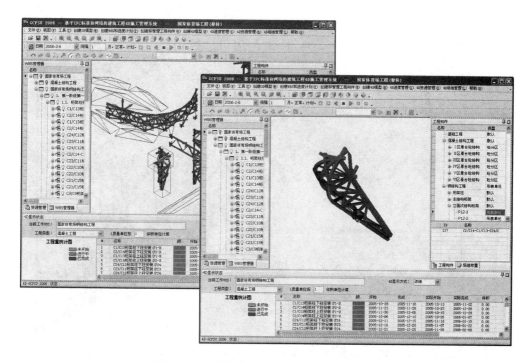

图 3-20　国家体育场钢结构吊装单元的查看

工程构件在整体 3D 模型中以高亮方式显示。其中查询条件包括整个工程和指定 WBS 节点两个选项，确定了查询的范围。选择不同的查询条件，其属性列表会显示不同的属性条件，属性值有文本、日期、数字、颜色四种类型。选择某一属性值和相应的运算符便可进行本次查询。多条件施工段查询可以方便用户查询不同分包商、某一工期内或某一道工序的当前施工段，有助于对施工进度和状况的宏观了解和分析。图 3-21 展示了查询中信国华公司承担的混凝土看台工程于 2005 年 8 月 25 日前开工的施工区域。

3. 施工信息查询

指定任意 WBS 节点，或在图形屏幕上选取任意施工段或构件，可实时查询施工对象的详细工程信息，包括当前施工时间、结构类型、施工工序、施工单位、计划完成的起止时间以及工程量等。图 3-22 为施工段属性查询对话框。

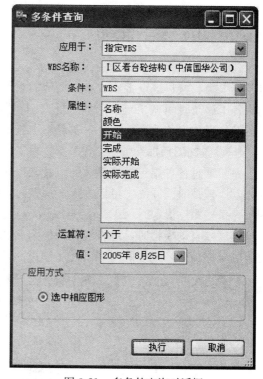

图 3-21　多条件查询对话框

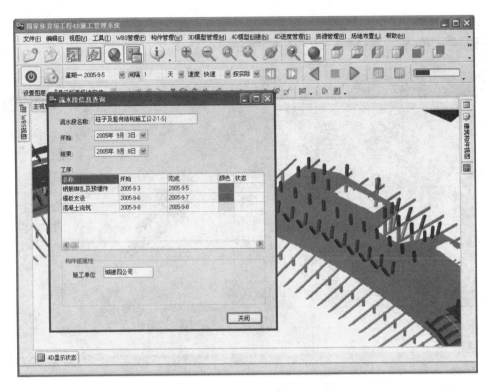

图 3-22　施工段属性查询对话框

3.4.10　4D 施工过程模拟

4D-GCPSU 系统中，通过将建筑物以及施工场地的 3D 模型与施工进度计划相链接，以及与人力、材料、设备、成本、场地需求等相关资源的信息集成，可以确立施工进度计划中各工序及时间与 3D 施工对象之间、与各种资源需求之间的诸多复杂关系，并且以三维图像的形式形象地展示出来，实现整个施工过程的可视化模拟。

1. 设置施工模拟参数

系统通过各种施工模拟参数的设置来控制模拟方式，这些参数包括：（1）指定模拟日期；（2）模拟时间间隔：可以为天、周、月，同时可以设定每周或每月的固定模拟日（如周一、每月第一天等）；（3）模拟状态：是按计划进度模拟，还是按实际进度模拟；（4）模拟速度：自动模拟时，可设置模拟显示速度为正常、慢速或快速；（5）模拟方式：按照时间的正序模拟，或按照时间的逆序模拟。4D 模拟工具栏如图 3-23 所示。

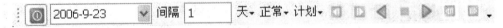

图 3-23　4D 模拟工具栏

2. 4D 施工过程模拟

系统可按照设置的模拟参数，对根据整个工程或选定 WBS 节点的施工进度，进行施工过程模拟。若选择自动模拟，则自动进行 4D 施工过程模拟的连续显示，形象地反映工程的施工计划和实际进度。图 3-24 显示了国家体育场工程的 4D 施工过程模拟。

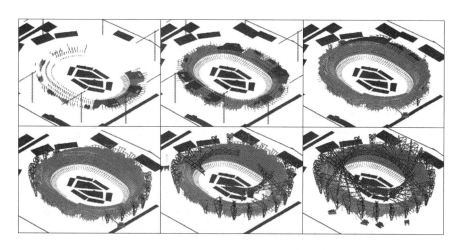

图 3-24　国家体育场工程 4D 施工过程模拟

3. 当前施工状态信息显示

在 4D 施工工程模拟过程中，系统在图形区的左下方，以饼图形式同步显示当前的工程量完成情况。在图形区的正下方，以列表方式同步显示当前施工状态的详细信息，包括施工段的名称、工序及颜色、计划开工和完成时间、实际开工和完成时间、施工单位以及工程量和资源等详细信息，如图 3-25 所示。

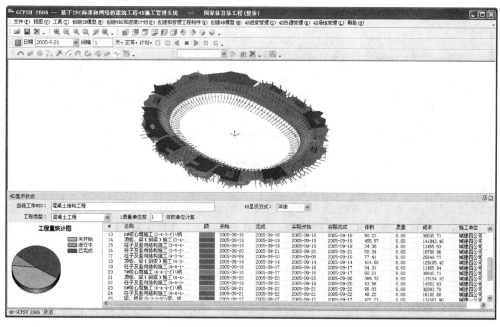

图 3-25　4D 施工状态信息显示

3.4.11　4D 资源动态管理

系统将 3D 模型与施工进度、资源需求以及场地信息有机地集成于一体，通过可设置多套定额的资源模板，相对施工计划进度和实际进度，自动相计算整个工程、任意 WBS 节点、3D 施工段或构件的工程量以及相应的人力、材料、机械消耗量和预算成本，进行工程量完成情况、资源计划和实际消耗等多方面的统计分析。

当 4D 模型或计划信息发生了变化，系统将自动地进行劳动力、材料、机械等施工资源的重新计算，资源需求始终对应于施工进度计划，并在时间上协调一致，实现了基于进度计划的动态资源管理。

1. 资源模板设定与管理

系统提供了一个资源模板，可设立多套预算定额，用户根据需要可以建立国家和地方预算定额，也可以制定自己的资源条目，形成企业定额，同时每套定额都可对应一套实际消耗量。系统建立了北京市建设工程预算定额的有关条目。资源模板设定界面如图 3-26 所示。

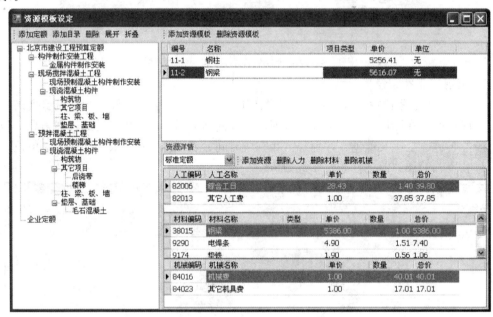

图 3-26　资源模板设定界面

2. 工程量查询与统计分析

系统可以相对施工计划进度和实际进度，自动计算整个工程、任意 WBS 节点、3D 施工段或构件的工程量，并以统计图和统计列表的形式进行工程量完成情况的统计和分析。统计包括单位时间工程量和指定时间段内的累计资源用量，时间单位可以设置为天、周或月，如图 3-27 所示。

3. 资源用量查询与统计分析

通过资源模板，系统可对施工计划进度和实际进度，自动计算整个工程、任意 WBS 节点、3D 施工段或构件在指定时间段内的人力、材料、机械的计划用量和实际消耗量，计算统计结果以统计报表形式提供查询，并以柱状图形式提供资源计划和实际消耗等多方面的统计分析，包括对计划进度的定额用量和消耗用量、对实际进度的定额用量和消耗用量查询与统计分析。

资源用量查询分析过程中，人力、材料和机械用量的查询和分析都在一个对话框中进行，用户只需点选相应的选项，统计报表和柱状图的统计对象将随之变化。统计包括单位

时间资源用量和指定时间段内的累计资源用量，时间单位可以设置为天、周或月，如图
3-28 所示。

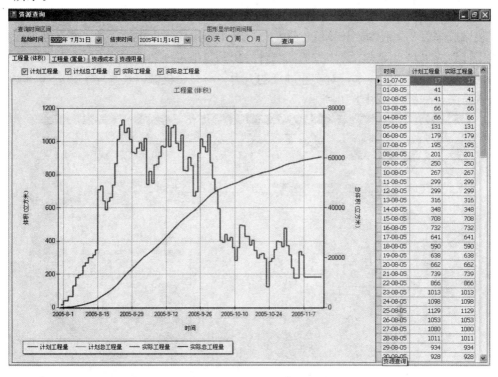

图 3-27　工程量查询与统计分析

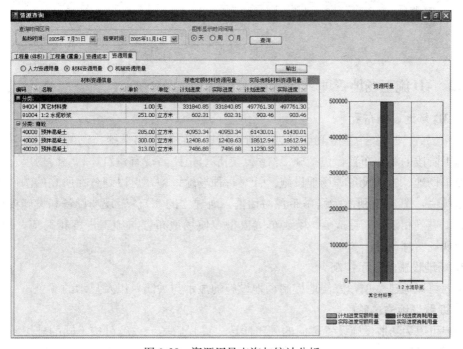

图 3-28　资源用量查询与统计分析

4. 工程成本查询与统计分析

通过资源模板，系统可对施工计划进度和实际进度，自动计算整个工程、任意WBS节点、3D施工段或构件在指定时间段内的工程成本，其中包括相应的人力成本、材料成本、机械成本以及总成本。计算统计结果以统计报表形式提供查询，并以统计图形式分别提供了计划成本和实际成本等多方面的统计分析，包括对计划进度的人力、材料、机械以及总的定额成本和实际成本，对实际进度的人力、材料、机械以及总的定额成本和实际成本查询与统计分析，如图3-29所示。

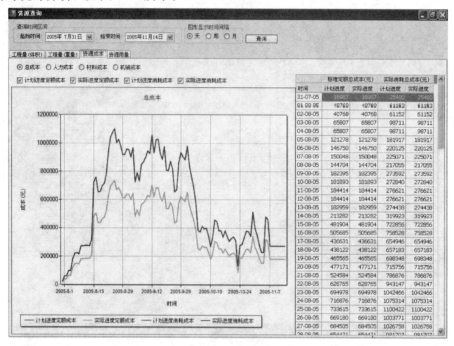

图 3-29　工程成本查询与统计分析

3.4.12　4D施工场地管理

1. 3D场地设施布置

4D施工管理另一个重要功能是进行施工场地布置。利用系统提供的一系列工具可进行各施工阶段的场地布置，包括施工红线、围墙、道路、现有建筑物和临时房屋、材料堆放、加工场地、施工设备等场地设施。针对每种场地设施，可以划分在所在的图层并选择其显示颜色，图3-30所示为塔吊布置对话框。所建立的3D施工现场设备和设施模型，通过与施工进度相链接，形成4D场地布置模型，使场地布置与施工进度相对应，形成4D动态的现场管理。

2. 场地设施的显示控制

用户可以通过菜单，方便地控制场地设施的显示与关闭，以及显示的颜色。

3. 设置场地施工阶段

用户可以为场地设施设置不同的施工阶段，设置后场地设施可按不同的施工阶段进行4D显示和管理。图3-31为国家体育场混凝土看台施工阶段和钢结构施工阶段的场地布置。

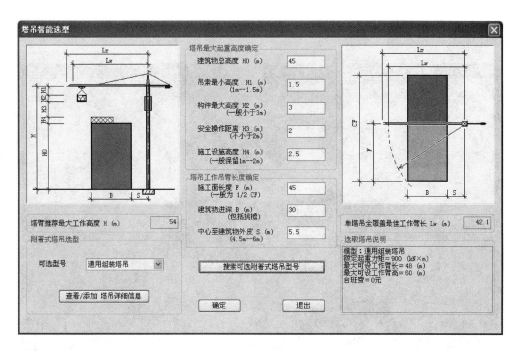

图 3-30　塔吊布置对话框

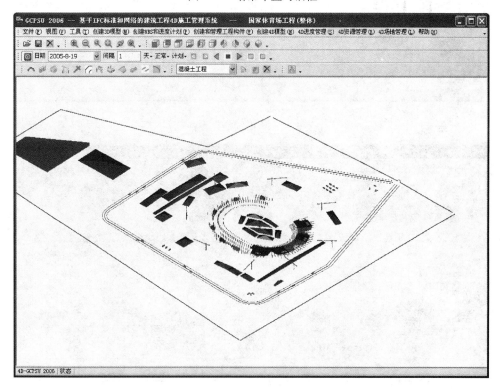

图 3-31　国家体育场工程施工场地布置

4. 场地设施的信息查询与统计

施工过程中，点取任意设施实体，可查询其名称、标高、类型、型号以及计划设置时间等施工属性，图 3-32 展示了对塔吊的信息查询。此外，系统还可进行场地设施的数据统计，如图 3-33 所示。

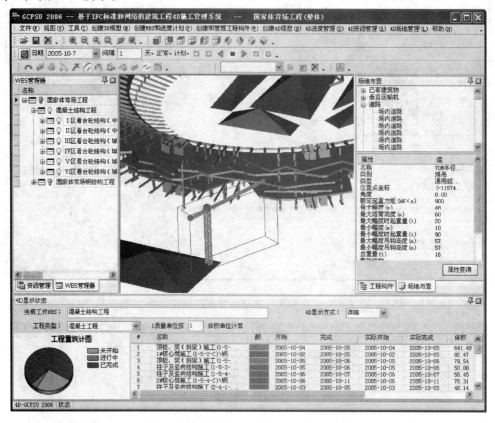

图 3-32　塔吊的信息查询

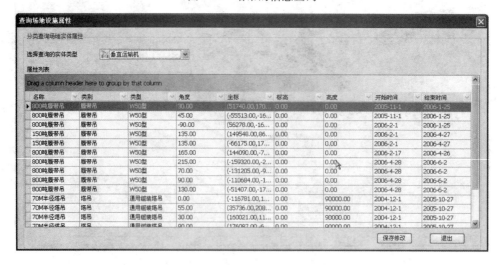

图 3-33　场地设施数据统计

5. 场地布置知识库及知识检索

系统为场地布置提供了知识库以及知识检索功能。知识库存储了场地布置需要遵循的相关规则和参考性建议。需要时用户可以通过知识检索对话框，按照知识主体进行查询，如图 3-34 所示。

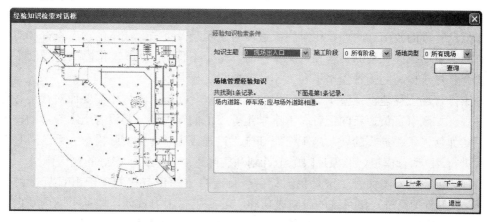

图 3-34　知识检索对话框

6. 场地设施冲突检测及分析

在场地设施布置的过程中，若出现不符合设计规则，引起设施间的冲突情况，系统可自动检测，并分析冲突原因，提示用户相应的解决方案。当冲突的原因多于一条时，系统会逐条给出冲突的原因以供用户查询，如图 3-35 所示。

图 3-35　施工设施布置冲突分析

3.5　应用效果

4D 施工管理系统在国家体育场工程近两年的应用表明：系统作为施工指挥平台，提高了项目总承包部管理者、各参与方之间的有效交流和沟通；通过直观、准确、动态地模拟施工方案，可比较多种施工方案的可实施性，为钢结构吊装方案的选定提供了决策支持；应用系统精确计划和控制每月、每周、每天的施工进度和操作，动态地分配所需要的各种资源和场地空间，可减少或避免工期延误，保障资源供给；对工程施工进度和场地布置进行可视化模拟，可及时发现并调整施工中的冲突和问题，提高工程施工的准确性；4D 施工管理过程中，通过 3D 施工模型的工程信息扩展、直观的 3D 实体信息查询，提高了施工信息管理的效率。此外，相对施工进度对工程量及资源、成本的动态查询和对比分析，有助于全面把握工程的实施和进展。同时，整个工程的 4D 可视化模拟还有助于提高施工安全，对于提高施工管理水平和工作效率取得了显著效果。

国家体育场工程建设是整个奥运工程的重要窗口，在施工过程中需要面对社会各界人士的参观，如政府官员、新闻记者、中小学生等，他们绝大部分都没有土木专业的技术背景。因此如何形象、逼真的展示施工组织和施工过程成为了一个实际需求。系统对整个施工过程进行 4D 动态模拟，形象反映施工计划和实际进度，起到了很好的宣传作用。

另外，就系统本身而言，这是我国第一个具有自主知识产权的基于 IFC 标准的建筑工程 4D 施工管理系统，该系统的研制成功和实际应用属国内首创，填补了国内空白，在技术水平和实用性方面都达到了国际先进水平。尤其通过国家体育场工程的率先应用和检验，为系统的进一步推广和应用奠定了良好基础。4D-GCPSU 系统适应我国建筑施工管理的实际需要，可用于各种建筑工程的施工项目管理，尤其适用于大型、复杂工程，还可推广到道路、桥梁、水利工程及设备安装等其他工程管理，具有广阔的应用前景，可产生较大的社会、经济效益。

第 4 章　建筑工程多参与方协同工作网络平台系统

4.1　系统概述

由于建筑工程往往涉及多个参与方，包含人员、机械、材料以及设备等多方面的管理，信息交换和管理在其中至关重要。近年来，信息技术特别是因特网技术的迅速发展，为建筑工程管理提供了有力的工具。互联网技术与数据库技术等的结合，催生了协同工作平台。参与方通过协同工作平台以较低的成本实现充分的信息交流，提高工作效率，从而降低建筑工程的成本；利用协同工作平台对建筑工程质量进行实时监督和管理，从而杜绝恶性质量事故，把好建筑工程的质量关，实现建筑工程的百年大计。另外，利用协同工作平台来自然地积累有用的信息，使之成为企业内部定额、投标报价的第一手资料，将过去的信息作为资源来加以充分利用。

建筑工程多参与方协同工作网络平台系统（简称 ePIMS＋），是以万维网技术、数据库技术、XML 技术为支撑，以工程项目管理各业务应用和决策支持为目标，用于项目多参与方之间的信息化管理系统。系统通过对工程资料的管理和再利用，实现工程项目各参与方之间的协同工作，将工程资料文档、图档和视档进行统一管理，为工程管理人员决策提供信息检索、深度分析和辅助决策。该软件系统的主要技术特点包括：

（1）支持文档、图档以及视档 3 类工程项目信息，并实现 3 类信息的有机关联。例如，从设计图档可以找到相应的设计变更文档，反之，亦然。其中，文档对应于工程项目管理中使用的表格信息，图档对应于设计图信息，而视档对应于数码照片信息以及视频信息。

（2）支持用户权限的分级管理。系统维护方只对各参与方的权限进行管理，而每个用户的权限则由所在方的负责人在该参与方拥有的权限范围内进行管理。

（3）支持多参与方之间在网络上高效地协同工作。系统通过工作流机制，自动引导项目的各参与方的用户按预定的处理权限和工作流程，完成信息提交、审核、审批、浏览等工作。

（4）支持对所处理的文档内容和格式的定制。在系统中，文档是信息提交、审核以及审批的主要载体。文档的内容和格式只需通过文档模板来规定，当需要处理新的文档类型时，只需制作相应的文档模板并加入到系统，不需要对程序的代码进行修改。

（5）支持对所管理的信息进行深入处理。除实现对信息实现提交、浏览、修改、处理、查询等处理外，还可以对信息中的数据内容进行统计分析、图形化显示等处理，信息处理可以深入到文档包含的信息项，例如，可针对任一数据项进行统计。

（6）支持从累积的信息中提取决策信息。系统内置了一些数据仓库主题，用户可以添加自己的主题。系统提供了自动生成数据仓库，并基于数据仓库进行信息的深度分析以及数据挖掘的功能。

（7）支持用户离线填写文档后集中提交。系统包含了客户端软件，利用它，用户可以填写文档的内容，将文档保存在本地，待系统连线后集中提交。

4.2 国内外发展现状与趋势

4.2.1 建筑工程网络协同工作平台的分类及本系统的定位

建筑工程网络协同工作平台亦称建筑工程多参与方协同工作平台。实际上，包括商业系统在内，目前已经存在多种基于因特网的建筑工程协同工作平台的系统。

英国学者 Alshawi 根据协同工作平台在建筑工程中使用阶段的不同，将其分为 3 类：

（1）用于招标投标阶段的平台。该类平台可加速招标方的标书发布，支持投标方在网上进行投标登记，方便招标方进行投标资质的预审，以及投标方进行网上投标等。

（2）用于设计和施工阶段的平台。该类平台用于控制和管理设计和施工过程中各参与方之间的文档交换，可使参建各方减少相关错误和重复工作，可为各参与方进行协同提供高效的工具，可支持各参与方高效地进行文档的查询和利用，可支持各参与方便捷地回溯文档的传递和审核过程等。

（3）用于交易的平台，即电子交易平台。该类平台可方便各参与方进行设备、材料以及服务的优选，从而提高各参与方的采购效率，降低项目管理的行政成本。

按照 Alshawi 的分类，在我国国内，在用于招标投标阶段的平台方面，目前已有一些相关的系统；在用于设计和施工阶段的平台方面，目前还很少有相关系统得到应用；在用于交易的平台方面，目前也只有一些简单的系统在应用中。

美国学者 Skibniewski 则首先按平台的开发和安装特点，对平台的应用方式进行了分类，分为 3 大类，即：第一大类为定制开发并安装在内部服务器上；第二大类为购买现成的平台系统（例如 Microsoft Project 2002）并安装在内部服务器上；另外一大类则为利用有关厂商提供的 ASP（Application Service Provider，应用服务提供商）服务（例如 Autodesk Buzzsaw），在这种情形下，平台系统安装在 ASP 服务器上，用户只是利用相应的服务。

其中，ASP 方式由于只需要客户投入很少的技术、资金和人力资源就可以利用，目前已经为大量的企业特别是中小企业所接受。据统计，截止到 2004 年，建设企业在 ASP 上的花费已达 10 亿美元，而市场上可用的不同的协同工作平台系统约达 200 个之多。为此，Skibniewski 专门对 ASP 方式的平台进行了分类。共分为 3 类，即：项目协同网络（PCN，Project Collaboration Network）、项目信息门户（PIP，Project Information Portal）以及项目采购交换（PPE，Project Procurement Exchange）。

PCN 的主要目的是支持建筑工程的各参与方共享项目的文档、通信以及工作流，并支持项目团队对项目文档进行一元化的管理，例如 Autodesk 的 Buzzsaw。

PIP 主要用于满足建筑工程的各参与方的信息需求，相关信息包括规范和许可、经济发展趋势、产品信息、成本数据以及项目计划信息等，其例子如 Building.com。

PPE 的主要目的是使建筑工程的材料和服务等的采购过程简约化，一般提供电子招标投标和采购服务，使用户可以从网上看到产品和服务信息，进行询价和报价，进行网上招标投标和采购等。

根据上述分析以及有限目标的原则，本平台定位为：按照 Alshawi 的分类，用于建筑工程施工阶段项目多参与方（包括业主、设计方、总承包商、分包商、监理等）之间的协同工作，但不涉及电子交易；按照 Skibniewski 的分类，为可采用 ASP 方式或非 ASP 方式的项目协同网络（PCN，Project Collaboration Network）。

4.2.2 国内外发展现状与趋势

到目前为止，关于基于网络的协同工作平台的研究已经成为信息化管理应用研究的热点之一，而研究成果的成功应用已经创造了良好的经济效益，显示了这类系统巨大的潜力。以下是与本平台属于同一类型的建筑工程网络协同工作平台的 4 个典型的例子。

（1）美国 Autodesk 公司研制的 Buzzsaw 平台

该平台成功地用于近 65000 个工程项目的管理，其中包括众多的建筑工程；有数据表明，使用 Buzzsaw 平台 12 个月后的平均投资回报率为 370%，总拥有成本的盈亏平衡点只有两个月。

（2）美国 Honeywell 公司的 MyConstruction 平台

该平台提供了文档管理的功能，还提供了网络会议等便捷的协同工作的手段。已在 Honeywell 公司内部得到了广泛的应用。

（3）日本大林组公司的项目网络平台

日本大林组公司于两年前就率先成功地将基于网络的文档管理信息系统-美国 Unisys 公司的 ProjectCenter 系统和可远程控制的万维网数码摄像机集成在一起，综合应用在建筑工程的管理中，极大地方便了有关各方对施工质量、成本和进度的监控。

（4）日本大成公司的项目网络平台

该平台的主要功能是支持施工项目多参与方通过网络协同工作。该平台的用户为施工项目各参与方的管理人员。据称，已有 10000 多家企业在使用该平台。该平台体现为施工项目的门户网站。该网站的功能包括：浏览平台的 ASP 提供的信息，万维网邮件，电子广告栏，工作计划栏，设施预约，设计图管理，文档管理和照片管理等。还包含以总承包商为主的业务功能，包括周进度计划、采购等。此外，还提供了合同付款请求、施工图确认请求、企业间的电子商务等功能。

从总体上讲，在基于因特网的建筑工程协同工作平台的应用方面，我国还处在一个较低的水平。如果直接把国外的系统拿过来使用，则不仅费用很高，而且系统也不能完全适应我国的实际情况，国内用户难以接受。事实上，一些国外平台在国内的推广实践已经暴露出这样的问题。

同时，应该看到，现有的平台都不是专门针对建筑工程开发出来的，因此在使用中还存在一些较大的不足。最大的不足是，只能以文件为单位进行信息共享，所以不能对信息进行深度加工和处理。例如，不能通过系统针对指定的信息条目进行自动的统计。在这一点上，研究已经取得了突破。在先前的研究中，基于 XML 技术成功地开发了原样表格处理技术，研制了一个基于网络的工程项目多参与方文档信息管理平台-EPIMS（Electronic Project Information Management System），使得只要建立相应的模板，就可以对提交的信息以信息条目为单位进行自动的加工和处理，实现了表格数据的动态建模，从而极大地提高了工程项目多参与方信息化管理的能力，为实际应用协同工作平台提供了良好的开端。

4.3 协同工作网络平台的设计与开发

4.3.1 系统需求概述

建筑工程是建筑业的基本工作单元，建筑业的产值绝大部分要通过建筑工程来实现。一方面，建筑工程涉及业主方、设计企业、施工企业、分包企业、监理企业等各个参与方，这些参与方往往不在同一个场所办公；另一方面，由于建筑工程具有单件性、复杂化、大型化等特点，为保证它的成功进行，需要各参与方进行大量的信息沟通，并基于这些信息来协同工作。虽然目前各参与方内部已经不同程度地采用了信息化管理系统，但参与方之间的信息交换仍然是基于传统的纸介质来进行的，信息沟通的低效率妨碍了协同工作效率的提高。

近年来，信息技术的迅速发展，为各行各业提供了良好的信息沟通手段。尤其是网络技术的发展使人们可以突破时间和空间上的限制，进行实时的信息共享和高效的协同工作；多媒体技术以及视频控制技术等技术的发展，使得人们能够采集更加直观、及时并且直接的信息；计算机支持的协同工作技术的采用则为多参与方协同工作提供了很大的便利等。这些技术的集成化应用，无疑会给传统的建筑工程管理提供强有力的手段。

参与方通过协同工作平台以较低的成本实现充分的信息交流，提高工作效率，从而降低建筑工程的成本；利用协同工作平台对建筑工程质量进行实时监督和管理，从而杜绝恶性质量事故，把好建筑工程的质量关，实现建筑工程的百年大计。另外，利用协同工作平台来自然地积累有用的信息，使之成为企业内部定额、投标报价的第一手资料，将过去的信息作为资源来加以充分利用。

4.3.2 建筑工程协同工作模型

建筑工程协同工作模型是研制建筑工程网络协同工作平台的前提和基础。建筑工程协同工作模型必须不仅反映工程实施过程中的各个参与方以及他们之间的关系，同时也反映各个参与方之间的协同工作内容和协同工作方式。此外，为了充分利用包括信息技术和通信技术在内的高新技术带来的可能性，在施工过程中用到的管理信息的表现形式也将是建筑工程协同工作模型所要表现的主要内容之一。

1. 建筑工程的参与方

多方同时参与到项目中是建筑工程的特点之一。通常情况下，项目组织主要包括业主、监理方、设计方、总承包商以及分包商。有时还包括专业工程承包商、材料供应商、机械设备供应商。

从理论上讲，各参与方所形成的关系组合数目较多。实际过程中常见的有两种形式，第一种是工程总承包，即：施工总承包商与业主签订施工总承包合同，承包全部工程的建造，也负责材料和机械设备的供应。第二种是施工总承包商与业主签订合同负责工程主要部分的建造，工程剩余部分和材料及机械设备的供应可以由其他承包商直接从业主承包，一般地，这些承包商需要接受总承包商的协调管理。

2. 协同工作内容

在建筑工程管理过程中，各参与方之间的协同工作内容可以概括为"三控三管一协调"，即进度控制、质量控制、成本控制、合同管理、安全管理、信息管理和项目协调。

（1）进度控制。在进度控制过程中，参与方之间的协同工作的一般方法为：首先，承包商根据施工合同确定开工日期、总工期和竣工日期，确定施工进度目标，根据工艺关系、组织关系、搭接关系、起止时间、劳动力计划、材料计划、机械计划及其他保证性计划等因素，编制施工进度计划；其次，监理方对承包单位报送的施工进度计划进行审批，对进度计划实施情况进行检查和分析，当实际进度符合进度计划时，要求承包单位编制下一期进度计划，而当实际进度计划滞后于计划进度时，监理方通知承包单位采取纠偏措施并实施监督。

（2）质量控制。在质量控制过程中，参与方之间的协同工作内容主要表现以下三个方面：首先，施工单位按照要求进行自检、互检和交接检，隐蔽工程、指定部位和分项工程未经检验或已经检验不合格的，严禁转入下一道工序；其次，对于施工组织设计调整、补充或变动，重点部位、关键工序的施工工艺和确保质量的措施，新材料、新工艺、新技术、新设备的采用，工程承包方均应将相关的材料和措施报送监理方审核签认；再其次，对于拟进场的工程材料、构（配）件和设备，工程承包方需要向监理方报送相关工程材料/构（配）件/设备报审表及其质量证明资料，监理方对报审表和资料进行审核，并对进场的实物进行检验或抽样。

（3）成本控制。在成本控制过程中，参与方之间的协同工作内容包括两个方面：一方面，是工程量计算和工程款支付，即，承包方统计经专业监理工程师质量验收合格的工程量，按施工合同的约定填报工程量清单和工程款支付申请表，之后监理工程师进行现场计量，按施工合同的约定审核工程量清单和工程款支付申请表，并报总监理工程师审定，总监理工程师签署工程款支付证书，报建设单位；另一方面，是竣工结算，即，工程承包方按施工合同填报竣工结算报表，然后专业监理工程师对报表进行审核，经总监理工程师审定，并与建设方、承包方协商一致后，签发竣工结算文件和最终的工程款支付证书报建设方。

（4）合同管理。在合同管理过程中，参与方之间的协同工作内容主要有：合同的变更，包括工程量增减；工程质量及特性的变更；工程标高、基线、尺寸等的变更；工程的删减；施工顺序的改变。永久工程的附加工作，设备、材料和服务的变更等都会引起合同的变更。工程承包方依据接受的权利和施工合同的约定，及时向监理工程师提出变更请求，监理工程师进行审查，并将审查结果通知承包方。

（5）安全管理。在安全管理过程中，参与方之间的协同工作的内容主要体现为安全技术交底。单位工程开工前，工程承包方技术负责人将工程概况、施工方法、施工工艺、施工程序、安全技术措施等向承担施工作业的负责人、工长、班组长和相关人员进行交底。项目经理部保存双方签字确认的安全技术交底记录。

（6）信息管理。在信息管理过程中，参与方之间的协同工作内容体现为工程总承包方和分包方的项目经理部及时收集信息，并将信息准确完整地传递给使用的单位和人员。其中收集的信息包括项目管理过程中形成的各种数据、表格、图纸、文字、影音资料等。

（7）项目协调。项目协调本身就是参与方之间的协同工作。由于参与方之间的关系不同，协调工作的重点也不同。如承包方和业主方之间的协调重点是资金问题、质量问题和进度问题；承包方和设计方之间应在设计交底、图纸会审、设计洽商变更、地基处理、隐蔽工程验收和交工验收等环节保持密切协调。

由以上分析可知，参与方之间的协同工作最终体现为各种控制和管理活动，如设计交底、图纸会审、设计变更、工程洽商、施工方案审定、测量报验、隐蔽工程检查、材料报验、设备报验、检验批报验、分部分项验收、监理例会、专题工地会议等。在这些控制和管理活动中，都需要参考相关的标准及规程，例如国家标准及规范、地方规程及惯例，以及项目和各参与方企业内部的规章制度等。

3. 协同工作方式

建筑工程各参与方之间的协同工作方式主要有 4 种：第一种方式是召开会议，例如第一次工地会议、设计交底会、图纸会审会、监理例会、专题工地会议、竣工验收会等；第二种方式是表格处理，这些表格主要是指基建文件、监理资料和施工资料，其中，有国家规范中规定的表格，有地方规程中规定的表格，还有参与方企业内部表格，参与方之间通过表格的填写、审核和审批等处理完成协同工作；第三种方式是图纸传递，即，施工图纸作为承包商的施工依据，在协同工作中发挥着重要的作用；第四种方式是现场检查，例如隐蔽工程检查、分部分项验收检查、现场安全检查、材料抽样鉴定等。

4. 协同工作模型

基于以上论述，可以建立如图 4-1 所示的建筑工程协同工作模型。

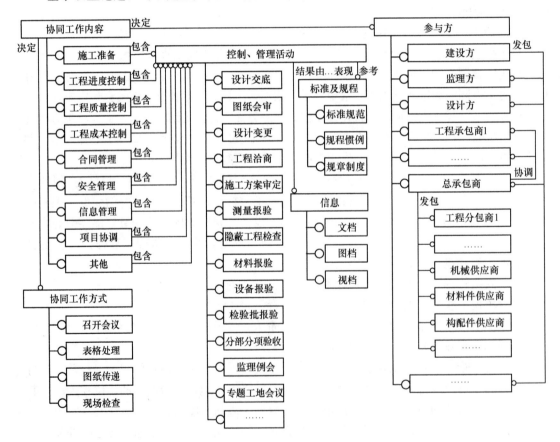

图 4-1　建筑工程协同工作模型

协同工作模型由 4 个模块组成：即参与方、协同工作内容、协同工作方式和信息类型。各个模块之间的关系为：

（1）协同工作内容包含（体现为）各种控制和管理活动。

（2）控制和管理活动的内容决定着所需参与方和协同工作方式。

（3）控制和管理活动需要参考相关的标准和规程。

（4）控制和管理活动的结果由三种信息载体，即文档、图档和视档来表现。

在这里明确一下文档、图档和视档的定义。文档是各参与方之间信息交流的最基本载体，直接体现为各种表格。在与文档密切相关的一个概念是文档模板，文档模板是同类型的一类文档的抽象，文档是在文档模板中填入具体数据所形成的。图档是指设计单位应业主方的要求提供施工图的电子版，即容纳施工图的计算机文件。视档是项目人员用数码相机和手持数码摄像机所拍摄的与项目相关的数码照片与视频。

4.3.3 功能设计

根据上述模型，建筑工程网络协同工作平台需要处理 3 类信息，即文档、图档和视档。因此，建筑工程网络协同工作平台必须能够处理这 3 类信息。此外，为了充分利用过去的信息，为工程管理提供辅助决策支持，平台需要提供决策支持的功能。为此，将建筑工程网络协同工作平台从系统功能的角度划分为 1 个系统管理子系统和 4 个应用子系统，即系统管理子系统、文档管理子系统、图档管理子系统、视档管理子系统和决策支持子系统。系统功能如图 4-2 所示。

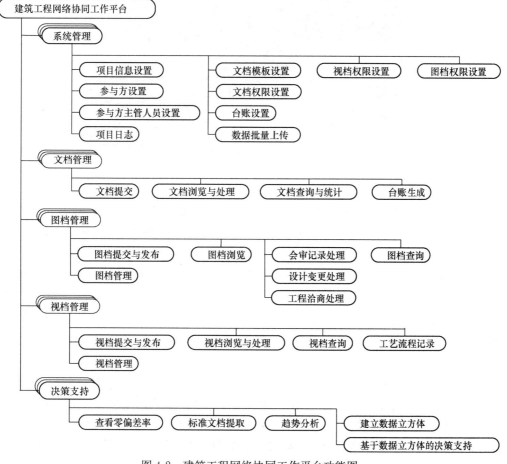

图 4-2 建筑工程网络协同工作平台功能图

值得说明的是，该平台模型可以支持除"召开会议"以外的所有协同工作方式。在建筑工程中，有的会议是不可避免的，而对于有的会议，随着多媒体和网络技术的发展，可以通过网络来进行。关于网络会议的系统迄今为止已经有很多，故不纳入本平台模型的范围。

4.3.4 结构设计

建筑工程网络协同工作平台采用 B/S 结构（Browse/Server，浏览器/服务器结构）的三层架构，系统逻辑结构如图 4-3 所示。系统分为 3 层，它们分别是万维网浏览器、万维网服务器和数据库服务器。万维网浏览器是用户同平台的交互界面；万维网服务器是平台的核心，它通过接收来自万维网浏览器的客户信息请求，对请求作出相应的处理，最后将处理结果反馈给客户，完成整个系统事务逻辑的处理；数据库服务器负责平台数据和文件的管理。

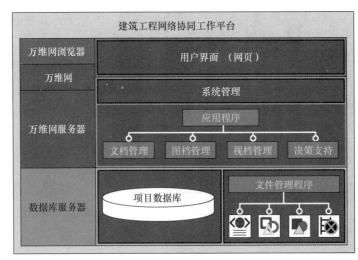

图 4-3　建筑工程网络协同工作平台系统逻辑结构

B/S 结构充分利用了不断成熟的万维网浏览器技术，结合浏览器支持的多种脚本语言（VBScript、Javascript 等）和 ActiveX 技术，通过浏览器就能实现了原来需要复杂专用软件才能实现的功能，能够在很大程度上节约系统的开发成本。

B/S 结构的 3 层架构，把程序按照内部分工及业务逻辑分割成几个相对独立的程序模块，即界面层、业务逻辑层和数据存储层。逻辑业务层根据需要可以再进一步分割，使得程序之间的关系变得更加清晰、模块之间的耦合性更小。在本项目中，我们将程序进一步分为 5 个子系统，即：系统管理子系统、文档管理子系统、图档管理子系统、视档管理子系统和决策支持子系统。此外，B/S 结构杜绝了 C/S 结构存在的问题，即：

（1）减少了系统对硬件的要求。界面层程序比较小，对于系统的要求不高。程序主要运行在服务器上，即系统性能主要取决于服务器的性能和网络传输速度。

（2）减少了系统维护的工作量。由于程序主要集中在服务器端，客户机上的程序也是从服务器端下载的。所以对系统的维护只需要集中维护服务器，而不需要维护地域上分散的数据庞大的客户机。

74

（3）减少了系统升级的难度。由于程序被分割成相对独立的模块，在业务变更时，只需要修改相应的部分而不涉及其他的不相关模块，大大减少了工作量，提高了升级的效率。

4.3.5 接口设计

1. 用户接口

用户通过网络浏览器来访问本系统。考虑到用户多对 Windows 风格较熟悉，应尽量向这一方向靠拢。在设计上，普通用户界面采用下拉式菜单方式，在出错显示上，系统中加入了大量亲和的提示对话框；服务器程序界面采用左边列表的方式显示菜单项，做到简单明了。

本系统的集成化开发环境选择 UltraEditor 结合 Macromedia Dreamweaver MX，UltraEditor 作为一款优秀的文本编辑器，能大大提高代码编写的效率。Dreamweaver 的主要优点在于其支持将整个网站作为一个整体项目进行集成化和可视化开发的功能。Dreamweaver 提供了站点管理，静态网页的设计，动态网页的编程等功能，并且带有丰富的 DHTML 和 JavaScript 参考，从而为编程带来了极大的便利。不过，Dreamweaver 在组件编程方面尚存在一定的不足之处，因此在系统开发中使用了 Microsoft InterDev 6.0 作为网页编辑的辅助工具。

在界面的开发语言方面，客户端的脚本语言采用 VBScript（Visual Basic 脚本语言）和 JavaScript（Java 脚本语言）相结合的编程方式，服务器端脚本语言采用 ASP（Active Sever Page，活动服务器页面），ASP 与 VBScript 都是基于 VB 语言的，在功能强大的同时也较为简单易学，对提高编程速度有很大帮助。而 JavaScript 强大的功能和多样化的表现效果则又是网页设计所必不可少的。因此，以 VBScript 为主，JavaScript 为辅的网页编程方式比较适合本系统的编程工作。

2. 外部接口

（1）软件接口。为解决"信息孤岛"问题，本系统的数据以 XML 文件来记录文档信息。XML 采用开放的自我描述方式定义了数据结构，在描述数据内容的同时能突出对结构的描述，从而体现出数据之间的关系。这样组织的数据对于应用程序和用户都是友好的、可操作的。同时，通过 ASP 技术实现到 SQL Server 的访问。XML 和 SQL Server 的使用，确保了本系统同其他系统之间能够成功实现数据交换。例如，早期系统 EPIMS 已经成功地同集叶通软件之间实现数据的互换和共享。

（2）硬件接口。在输入方面，对于键盘、鼠标的输入，可用操作系统的标准输入/输出，对输入进行处理。在输出方面，特别是打印机的连接及使用，也可用操作系统的标准输入/输出对其进行处理。

（3）内部接口。内部接口方面，各模块之间采用页面调用、参数传递、返回值的方式进行信息传递。具体参数的结构将在下面数据库设计的内容中说明。接口传递的信息将是以数据表形式封装的数据，以参数传递或返回值的形式在各功能模块间传输。

4.3.6 系统的开发

1. 系统的开发基础

国家体育场项目多参与方协同工作网络平台系统，是在清华大学土木工程系已经开发的一个基于网络的工程项目文档信息管理平台（EPIMS）的基础上进行的。该平台具有以下 3 个特点：一是系统支持表格的自定义，在 EPIMS 中文档信息中包含的信息条目由文档模板来确定，文档模板对应于实际过程中的表格。为了处理某类表格数据，只需要事先准备对应于表格的文档模板并导入到系统中，而不需要修改程序代码，从而可以支持信息内容的变化；二是系统支持对表格中包含的信息进行数据库式的管理。即用户只要拥有相应的权限，就可以方便地对文档内容进行浏览，并可以针对电子文档中包含的数据项进行诸如查询、统计等信息处理，从而既能支持各参与方之间的信息共享，还可以方便项目信息的再利用；三是系统支持工作流机制，即有关参与方可以在网上进行文档的提交、审核和审批处理。一个参与方处理完成后，系统会将处理任务自动流转到下一个参与方，直到处理完成。这样一来，系统可以有效地支持多参与方在网上进行协同工作。

2. 系统的开发过程

（1）建筑工程协同工作模型研究

从 2004 年 4 月～2005 年 9 月，项目组在文献调研和现场调研的基础上，通过 EPIMS 系统的试用，不断获取北京城建集团国家体育场项目总承包的反馈意见，紧密结合工程实际，同时积极进行文献调研工作，建立了建筑工程协同工作模型。

（2）建筑工程网络协同工作平台模型研究

2004 年 10 月～2005 年 3 月，项目组在 EPIMS 和大量文献调研的基础上，根据建筑工程协同工作模型，提出了建筑工程网络协同工作平台模型。

（3）决策支持子系统需求分析

2004 年 7 月～9 月，项目组到北京城建集团国家体育场项目总承包部再次进行了决策支持子系统需求调研。调研的主要内容包括：被调研部门涉及决策的业务范围，目前应用于决策支持的软件，对工程决策支持软件的需求和设想等。

（4）决策支持子系统设计和开发

2004 年 10 月～12 月，项目组主要在理解与吸收决策支持子系统的原型系统的信息深度分析模型的基础上，根据前一阶段需求分析结果，进行工程决策支持模型的设计工作。

2004 年 12 月～2005 年 5 月，项目组在所建立的工程决策支持模型的基础上，根据前一阶段形成的需求分析说明书的要求，进行决策支持子系统的设计与开发工作。为了辅助开发，项目组利用系统中已经积累的工程文档数据建立决策支持的实例，又为解决工程文档数据中的问题引入了工程文档的数据验证机制。

2005 年 5 月～7 月，项目组在国家体育场项目总承包部演示了开发完成的决策支持子系统，并听取了总承包部领导和工程管理人员的意见和建议，根据这些意见和建议重新设计了决策支持子系统的总体结构，增加了零偏差率分析、趋势分析等决策支持功能，从而形成了一套能满足国家体育场项目总承包部工程决策支持需求的、完善的工程决策支持子系统。

（5）决策支持子系统试运行

2005 年 8 月～9 月，决策支持子系统进入试运行阶段，收集用户反馈，对试运行过程中出现的缺陷和变更需求进行修正和改进。

（6）图档管理子系统和视档管理子系统需求分析

2005 年 9 月上旬，项目组部分人员开始着手图档管理子系统和视档管理子系统需求分析。调研对象为北京城建集团国家体育场工程总承包部质量部、技术部等。调研的主要内容包括：现有图档的管理模式和工作流程，现有视档的应用范围和应用形式，以及对于系统功能的意见和建议。

（7）工程资料图档管理和视档管理两个子系统的设计和开发

2005 年 9 月下旬～10 月，项目组在实地调研的基础上，对图档管理子系统和视档管理子系统进行设计和开发工作。为了辅助开发，项目组利用城建集团国家体育场总承包部提供的图档和视档数据建立图档和视档管理的实例。

（8）图档系统的模拟使用

2005 年 11 月，项目组从国家体育场项目总承包部获取了大部分图档信息（共 9 个专业的 1056 个图档），并将其提交到系统中，模拟图档的提交和分发操作。与此同时获取的资料还有部分图纸会审记录、设计变更通知单和工程洽商记录，项目组也将其录入系统中，模拟会审记录处理、设计变更处理和工程洽商处理等操作。

（9）视档系统的模拟使用

2005 年 11 月，项目组从国家体育场项目总承包部获取了部分视档信息（共 8 个类别的 360 个视档），并将其导入系统中，模拟视档管理的相关操作。

（10）系统定版并编写课题文档准备验收

从 2005 年 11 月起，项目部完成了全部的系统开发工作，建筑工程多参与方协同工作网络平台系统（简称 ePIMS＋）包括系统管理子系统、文档管理子系统、图档管理子系统、视档管理子系统、决策支持子系统以及文档离线填报子系统的安装文件。同时，开始编写课题验收文档。

3. 系统的运行与开发环境

ePIMS＋的运行硬件环境为：作为系统的服务器，至少应为 Pentium 4、单 CPU 的 PC 服务器，作为客户机，可以为一般的 PC 机。

该软件系统的开发环境为：在服务器上，装有 Windows 2000 Server 或 Windows 2003 Server，内置 IIS 5.0 以上版本；Microsoft SQL Server 2000 及其附带的 Analysis Service 组件。在客户机上，装有 Windows XP 或 Windows 2000 或 Windows 2003。另外，至少应安装：Internet Explorer 5.0 以上版本（推荐 IE 6.0＋SP1）；Microsoft Office 2000 以上版本。如果处理图形，还需要安装 Autodesk AutoCAD 2000 以上版本（推荐使用 AutoCAD 2004）。

ePIMS＋的开发语言为 ASP 3.0、Visual Basic 6.0、Java Script 1.2。

4.4 系统应用实践

4.4.1 进入系统

系统的用户按照权限划分为四种：项目管理员用户、单位主管人员用户以及普通用户和决策支持用户。每个项目只有一名项目管理员，一名决策支持人员；每个项目参与方至少有一名主管人员；普通用户的数量不受限制。四种用户的登录界面相同，如图 4-4 所示。

单位主管人员用户（或普通用户）在登录界面输入用户名和密码后，进入单位主管人员用户（或普通用户）界面，如图 4-5 所示。

图 4-4　用户登录界面

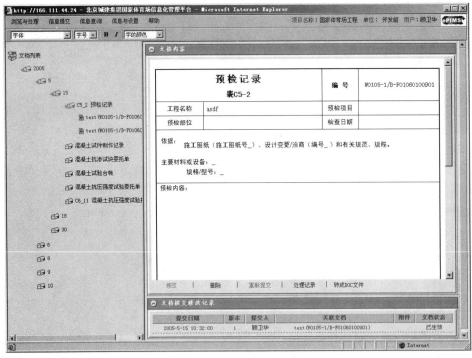

图 4-5　单位主管人员/普通用户界面

4.4.2　工程文档管理

工程文档资料管理子系统主要包括三个功能模块，它们分别是：文档提交、文档浏览和文档处理。其中，文档提交以填表提交或从已有数据文档导入进行文档提交操作，如图 4-6 所示；文档浏览以文档类别、操作类别等不同方式浏览相关文档并进行审核、审批等文档操作，如图 4-7 所示；文档处理以修改文档、重新提交文档、删除文档、确认（包括提交确认、审核确认和审批确认）、通过、驳回、处理意见填写等文档操作，如图 4-8 所示。

图 4-6　ePIMS＋工程资料文档管理子系统填表界面

图 4-7　ePIMS＋工程资料文档管理子系统浏览界面

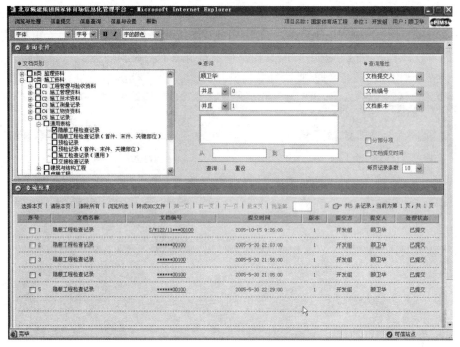

图 4-8　ePIMS＋工程资料文档管理子系统查询界面

4.4.3　工程图档管理

工程图档资料管理子系统主要包括六个功能模块，即：图档上传、图档提交、发布与管理、图档浏览、图档会审、设计变更、工程洽商。ePIMS＋工程资料图档管理子系统典型画面如图 4-9、图 4-10 和图 4-11 所示。

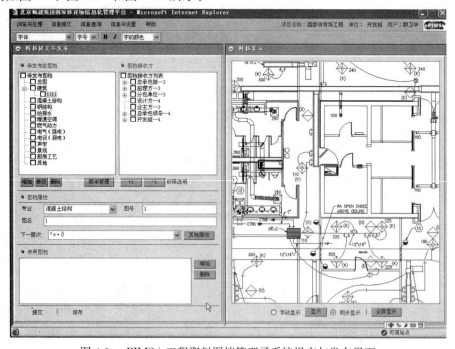

图 4-9　ePIMS＋工程资料图档管理子系统提交与发布界面

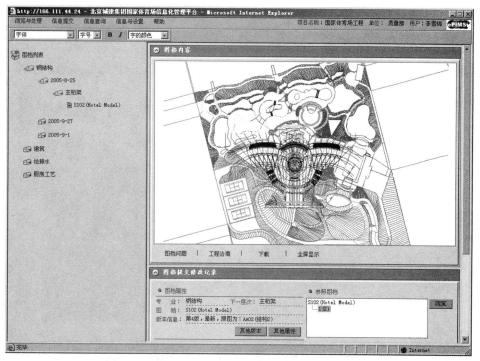

图 4-10　ePIMS＋工程资料图档管理子系统浏览界面

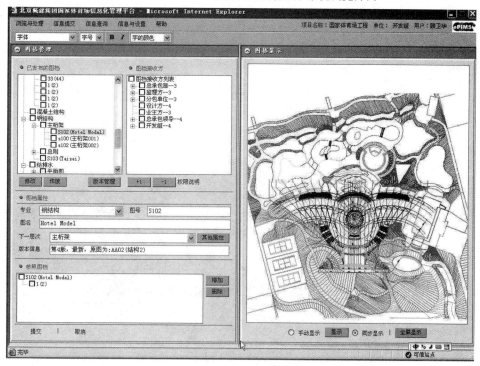

图 4-11　ePIMS＋工程资料图档管理子系统图档管理界面

4.4.4　工程视档管理

工程视档资料管理子系统主要包括三个功能模块：视档提交、一般视档处理和工艺流程视档处理。ePIMS+工程资料视档管理子系统典型画面如图 4-12、图 4-13 和图 4-14 所示。

图 4-12　ePIMS+工程资料视档管理子系统提交界面

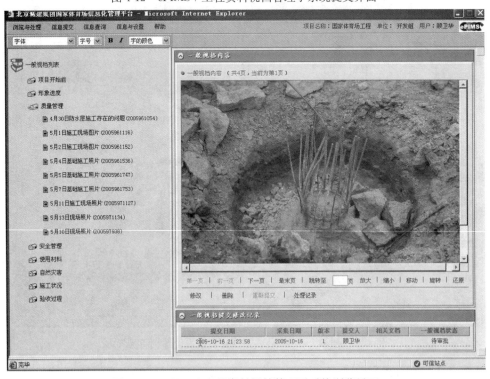

图 4-13　ePIMS+工程资料视档管理子系统浏览界面

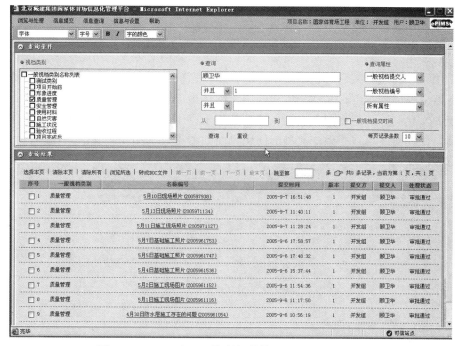

图 4-14　ePIMS＋工程资料视档管理子系统查询界面

4.4.5　决策支持

决策支持子系统包括零偏差率文档查看、标准文档提取、创建趋势分析模板、数据立方体模型、决策树分析、聚类分析等 13 个功能组成，ePIMS＋决策支持子系统典型画面如图 4-15 所示。

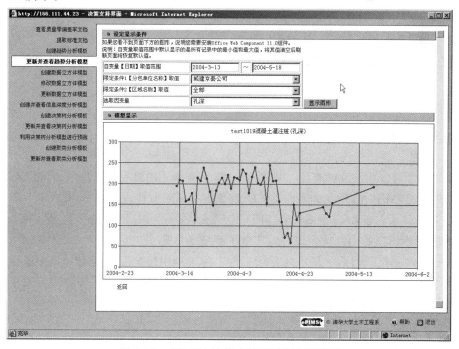

图 4-15　ePIMS＋决策支持子系统典型界面

4.4.6 文档离线填报

文档离线填报子系统包括文档填写、文档浏览、文档上传3个功能模块。其中，文档填写功能用于填写工程文档资料，使用方法和在线系统相同，填写完毕后能够直接上传到网络服务器或保存到本地；文档浏览功能用于浏览用户所上传或保存的文档，使用方法与在线系统的文档浏览功能相同；文档上传功能用于将用户保存在本地的文档上传到系统网络服务器。文档离线填报子系统典型的使用界面如图4-16、图4-17和图4-18所示。

图 4-16　ePIMS＋文档离线填报子系统填写界面

4.5 应用效果

2003年12月，在国家体育场工程总承包部安装了EPIMS系统并开始试用。随着基于EPIMS的ePIMS＋的开发进展，系统的最新版本不断取代原有版本。2004年7月，国家体育场工程总承包部决定正式使用ePIMS＋。大多数ePIMS＋功能得到了实际应用，剩余的功能得到模拟使用，从而较好地实现了系统的应用。

截止到2005年11月底，国家体育场工程土建工程中已全面采用ePIMS＋进行多参与方之间的关于信息文档的协同工作。另外，关于图档和视档的协同工作绝大多数在系统中得到了模拟使用。具体应用情况如下：

（1）用户情况。系统中已有35个参与方，用户数量为193名。

（2）文档管理情况。文档模板数量达到382个，提交到系统中的文档数量约为1.8

图 4-17 ePIMS＋文档离线填报子系统浏览界面

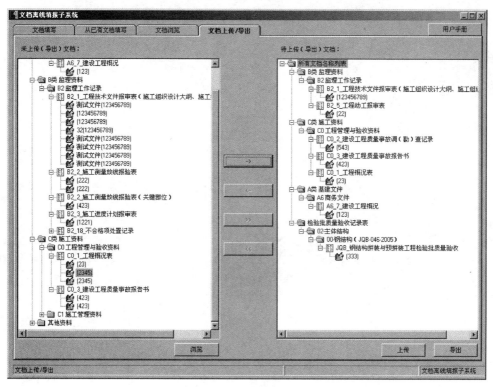

图 4-18 ePIMS＋文档离线填报子系统上传与导出界面

万个。

（3）图档管理情况。通过模拟使用，已将 9 个专业共 1056 个图档导入系统中。同时还模拟了图档会审处理、设计变更处理和工程洽商处理等协同工作内容。

（4）视档管理情况。通过模拟使用，已将 8 个大类共 360 个视档导入系统中，并在系统中进行了协同工作过程的模拟。

（5）基于系统中已有的文档，针对质量部的管理工作建立了 13 个潜在的决策支持模型。然后对桩基部分的数据进行了分析，展示了决策支持功能的应用潜力。

（6）通过开发应用程序，已将系统中的相关文档全部上传到北京市建委奥运工程资料管理系统中。

第5章 国家体育场钢结构工程施工信息管理系统

5.1 系统概述

由于国家体育场工程钢结构结构复杂、规模庞大、构件加工和拼装、安装施工难度极大，涉及加工、安装、物资供应等单位众多，给钢结构工程施工的统一指挥、调度、信息沟通等带来极大的困难。为提高工作效率，保证信息传递的及时、准确，保证工程的质量和进度，我们开发了国家体育场钢结构工程施工信息管理系统。

本系统的实施目标为：实现国家体育场总承包部钢结构分部在钢结构施工过程中，利用信息化手段实现对施工过程的网络化、流程化、科学化管理，全面提高施工管理水平。

通过本系统的实施，为国家体育场钢结构建设提供了便捷的工具，提高了工作效率，保证了工程进度和工程质量。其中近30万m总长的焊缝焊接质量一次探伤合格率达到99.5%，第三方探伤全部合格，并建立焊缝跟踪系统，起到了较大的作用。通过构件管理系统，实现了钢结构工程深化设计、构件加工、运输、现场拼装、安装过程的协同工作，为最终如期完成钢结构安装作出了贡献。国家体育场钢结构工程获得了中国建筑钢结构金奖，其中质量控制信息化建设工作，得到了评审专家组的好评。

5.2 系统的需求分析与开发

5.2.1 系统的功能需求分析

由于国家体育场钢结构工程规模庞大、结构复杂，参施单位众多，总承包部与各参施单位分散办公等特点，给工程管理中信息传递、工作效果及效率等方面带来一定的困难，不借助有效的信息化手段，将对钢结构工程的有效管理和各项目标的实现造成影响。有鉴于此，通过对总承包及各参施单位进行调研，挖掘出本工程对信息化的总体需求如下。

1. 基本办公需要

总承包部及各参施单位均需要进行各种文档的处理工作，包括各种往来的文件、工程资料、设计图纸、变更洽商、各种图片、图像资料等。如何对工程施工过程中产生的大量文档进行管理，如何高效的利用各种软、硬件资源辅助工作，是对信息化建设方面提出的一个最基本的需求。

由于参施单位各级管理人员信息化水平不同，对现有软硬件的使用效果就各有不同，各参施单位管理人员需要进行信息化知识的培训，同时通过工作纪律要求和管理人员自觉的利用计算机软硬件进行日常办公，以提高工作效率和工作效果。

2. 内部信息传输需要

总承包部及各参施单位内部各部门之间、管理人员之间，在日常工作中会有大量的信息、文档需要交流和传递，这些信息可以通过传统方式口头或者书面的进行交流，但往往会造成不及时、资源浪费大、效率低下等弊端。

有鉴于此，需要建立一个畅通的网络交流环境，通过网络系统不同用户之间可以共享、传递各种信息，减少中间环节，提高工作效率。同时通过网络系统还可以与其他各参施单位进行网上联系，便于及时进行信息沟通。

3. 与外部单位之间的信息沟通需要

总承包部、各参施单位等，经常要与设计单位、监理单位、业主单位、北京市 2008 工程建设指挥部、北京市建委、质量监督站、京外的加工制作单位、材料供应单位等的联系，文件的往来往往是通过 E-mail 的方式来传递。同时，北京市 2008 工程建设指挥部、建委还建立了相应的奥运工程建设信息平台，总承包部及各参施单位必须按时按要求进行各种文档、工程资料、视频信息等上传，在信息平台上接收各种文件等。

所以，各参施单位、各级管理人员在日常工作中，必须可以与 Internet 进行连接，通过一个统一的平台系统对各种信息资源进行加工和利用，及时发现和解决各种存在的问题。

4. 资源管理需要

在工程施工管理过程中，各参施单位的人、机、料情况，以及各种技术文件等，这些资源信息需要参施单位、总承包领导及各有关部室、相关上级单位等及时了解和掌握，并针对存在的问题及时进行解决。但是这些信息资源一般都是分散的，要动态的掌握这些信息需要大量的、重复的工作，往往还不能做到及时。利用信息化手段对这些信息进行共享和自动的汇总统计，会极大地提高工作效率和工作效果。

5. 工程管理的需要

在钢结构施工管理过程中，因为多家单位进行构件加工和安装工作，并且分布在全国各地，必须有一个统一的信息系统将原材料供应、构件加工、构件出厂及运输、构件进场拼装、单元吊装等各生产环节的信息统一管理起来，以达到钢结构施工的有序安排，节约时间和提高工作效率，保证工程进度和质量，确保各项目标的实现。通过信息化手段，能够对施工管理中所需要的各种信息进行传递，自动进行汇总。同时，通过信息化手段进行各种指令的下达和反馈，能够做到及时和高效。

6. 质量控制的需要

由于本工程体量庞大，共涉及 8 家主要施工单位，配合单位十余家，分布在全国六个省、市，多道工序交叉作业，工程质量控制难度极大，为此需要一套信息化系统对于工程中的质量进行管理，确保上道工序质量合格的情况下才能交到下道工序施工，以实现钢结构工程全过程、全方位的受控，另外，工程质量的回溯在本工程中也显示出很强的必要性。

5.2.2 立项及开发情况

国家体育场钢结构信息化系统的研究和开发始于 2005 年 6 月，即钢结构施工全面启动之前。北京城建集团国家体育场工程总承包部根据钢结构工程的施工特点、难点，研究制定了一系列确保工期、质量的应对措施，其中钢结构信息化系统的研究即为其中之一。

结合总承包部现有资源以及各参施单位的信息化水平，开发以构件管理和质量控制为核心，兼顾综合办公、工程管理等需要的信息化平台系统，服务于钢结构施工管理的各环节，保证钢结构施工进度、质量目标的实现。该系统以编号确定的构件为基础，通过对其属性跟踪，了解、监督、控制其质量状态，并对质量状态的趋势实现分析和预测，保证钢结构工程的质量全过程、全方位的处于受控之中。

作为北京市科学技术委员会科技奥运专项"国家体育场施工与安全关键技术研究"的一个子课题，该系统的研究和开发，从 2005 年 7 月正式启动，国家体育场总承包部与中国建筑科学研究院共同开始进行系统需求分析研究工作，9 月与中国建筑科学研究院正式签订合作研究开发合同，至 2005 年 11 月，基础系统开始投入试运行，到 2006 年 2 月，国家体育场钢结构信息化系统正式投入运行。

主要实施阶段划分如下：

1. 2005. 11. 25～2005. 12. 10

双方就《国家体育场钢结构项目建议书》确定系统功能，深化需求分析设计，完成详细的系统需求分析，包括系统实现的控制流程、功能项、所处理的数据和表单等，形成并确认《国家体育场钢结构工程施工信息管理系统需求分析报告》，作为系统初验和终验的标准和依据。

2. 2005. 12. 11～2006. 1. 30

（1）办公自动化子系统的定制与实施。

（2）工程管理子系统定制与实施。

（3）工程资料管理子系统定制与实施。

（4）钢结构构件加工管理子系统基础应用功能定制与实施。

（5）钢结构现场拼装信息管理子系统基础应用功能定制与实施。

（6）钢结构安装管理子系统基础应用功能系统定制与实施。

（7）资料库的建设和应用。

（8）系统维护管理子系统的定制与实施。

3. 2006. 2. 1～2006. 3. 1

（1）质量控制子系统应用功能定制与实施。

（2）技术管理子系统应用功能定制与实施。

（3）深化设计管理子系统应用功能定制与实施。

（4）各个子系统的功能完善和调整以及推广使用。

该系统投入运行以后，总承包部和中国建筑科学研究院根据实际情况，对系统进行了不断的改进，并进行了系统应用推广工作，使该系统在钢结构施工过程中起到了较大的作用。

5.2.3 系统用户权限设置

系统用户权限设置的基本原则：只有发布用户可以对自己发布的内容进行修改、删除操作，其他用户只能查看，只有管理员可以对所有发布的数据进行删除操作，但不能更改。系统主要设置了以下几类用户。

1. 管理员用户

拥有全部权限，可以对全部数据进行删除操作。

2. OA 基本用户

（1）项目简介：查看（不含维护）。

（2）在线用户。

（3）文件管理：文件录入、文件维护、我的文件（不含发文类型管理）。

（4）公共通信录：通信录信息维护（不含通信录类型维护）。

（5）个人便签。

（6）电子邮件。

（7）日程安排：日程查询。

（8）工作日志：（不含日志查询）。

（9）值班管理：列表中包含所属单位信息，录入时值班单位默认是登记单位。包括值班查询、值班记录，不含值班安排、值班修改。

（10）工具软件：只有浏览、查看、下载的功能，不能上传、创建目录、修改维护和删除。

（11）BBS 论坛。

（12）资料库中：图片管理中图片的浏览、标准规范、其他栏目中的浏览。

3. OA 高级用户

（1）项目简介：维护。

（2）值班管理：含值班安排、值班修改。

（3）工具软件：能上传、创建目录、修改维护、删除自己的东西。

（4）资料库中：图片管理中上传图片，修改、删除、增加目录，其他栏目中增加、修改、删除、增加目录。

（5）工作日志：日志查询。

4. 构件管理用户

（1）构件管理—沪宁：能够查看和增加、修改沪宁钢机的构件加工、拼装部分的所有数据，可进行查询。

（2）构件管理—江南：能够查看和增加、修改江南重工的构件加工、拼装部分的所有数据，可进行查询。

（3）构件管理—浙江精工：能够查看和增加、修改浙江精工的构件加工、拼装部分的所有数据，可进行查询。

（4）构件管理—城建精工：能够查看和增加、修改城建精工的安装部分的所有数据，可进行查询。

（5）构件管理—宝冶建设：能够查看和增加、修改宝冶建设的安装部分的所有数据，可进行查询。

（6）构件管理—高级：能够查看、增加、修改所有单位的安装部分的数据。

5. 质量管理基本用户

（1）质量保证体系：与工程管理中的管理人员栏目相类似，点击进入首先就是各单位的一个列表，与质保人员查询内容相同，但不含删除项（管理员拥有该选项），保留质保人员汇总。

（2）质量过程管理：质量通知单、质量奖罚管理、过程质量记录，均不含新建功能。

（3）检验批管理：检验批验收计划、检验批完成情况。检验批完成情况无法进行录入，在检验批计划和完成情况两个栏目中，要能体现出录入人的用户名，只有录入人才能对验收完成情况进行更改。

（4）焊接管理：

1）拼装、安装单元焊接：进入以后即为全部数据查询栏目中的内容，不包含删除选项，全部数据查询栏目取消；保留数据录入、数据维护。

2）探伤管理：工厂、现场、安装三部分中的全部数据查询均上移一个层次，进入工厂、现场、安装三个子栏目后即为全部数据查询中的内容，保留数据录入、数据维护和探伤统计功能。

3）焊缝表面成形、探伤管理：工厂、现场、安装三部分中的全部数据查询均上移一个层次，进入工厂、现场、安装三个子栏目后即为全部数据查询中的内容，保留数据录入、数据维护和探伤统计功能。

（5）拼装管理：对口错边间隙、拼装位置控制，进入后均为全部数据查询界面，不含删除项，保留记录登记、记录维护。

（6）安装管理：对口错边间隙、拼装位置控制，进入后均为全部数据查询界面，不含删除项，保留记录登记、记录维护。

（7）涂装管理：进入后为全部数据查询界面，不含删除项，保留涂装质量录入、涂装质量维护。

（8）工程试验管理：进入后为全部数据查询界面，不含删除项，保留试验情况录入、试验情况维护。

（9）计量器具管理：进入后为全部数据查询界面，不含删除项，保留计量器具录入、计量器具维护。

（10）临时支撑管理：进入后为全部数据查询界面，不含删除项，保留临时支撑录入、临时支撑维护。

（11）会议纪要。

（12）往来函件。

（13）分部部门发文。

6. 质量管理高级用户

（1）质量保证体系：质保人员录入、质保人员维护。

（2）质量过程管理：质量通知单、质量奖罚管理、过程质量记录，含新建功能。

（3）检验批管理：检验批划分规则栏目取消；验收结果定义。

（4）涂装质量管理：涂装类型定义。

（5）计量器具管理：计量器具状态。

（6）工程资料管理。

7. 工程管理基本用户

（1）组织机构：进入此界面，即为全部数据查询，但不含删除项；不含组织机构维护和全部数据查询。

（2）进度管理：可浏览、查看文件，但不能够增加、修改、删除和创建子目录。

（3）参施单位：第一级可用，不含全部数据查询和参施单位维护。

（4）管理人员：第一级可用，不含全部数据查询和维护。

（5）劳动力管理：进入以后即为全部数据查询，但不含删除项；劳动力汇总；不含全部数据查询、劳动力维护。

（6）焊工管理：进入以后即为全部数据查询，但不含删除项；焊工汇总，不含全部数据查询、焊工维护。

（7）机械设备管理：进入以后即为全部数据查询，但不含删除项；不含全部数据查询、设备维护。

（8）材料管理：进入以后即为全部数据查询，但不含删除项；不含全部数据查询、材料维护。

（9）会议纪要。

（10）往来函件。

（11）分部部门发文。

8. 工程管理高级用户

（1）组织机构：组织机构维护和全部数据查询。

（2）进度管理：能够增加、修改、删除和创建子目录。

（3）参施单位：全部数据查询和参施单位维护。

（4）管理人员：全部数据查询和维护。

（5）劳动力管理：含全部数据查询、劳动力维护。

（6）焊工管理：全部数据查询、焊工维护。

（7）机械设备管理：全部数据查询、设备维护。

（8）材料管理：全部数据查询、材料维护。

9. 技术管理基本用户

（1）技术文件：浏览、查看。

（2）测量管理：浏览、查看。

（3）洽商管理：浏览、查看。

（4）焊接工艺评定：浏览、查看。

（5）会议纪要。

（6）往来函件。

（7）分部部门发文。

10. 技术管理高级用户

（1）技术文件：维护、增加、修改、删除、创建子目录。

（2）测量管理：维护、增加、修改、删除、创建子目录。

（3）洽商管理：维护、增加、修改、删除、创建子目录。

（4）焊接工艺评定：维护、增加、修改、删除、创建子目录。

11. 深化设计基本用户

（1）图纸管理：浏览、查看。

（2）详图计划：浏览、查看。

（3）详图进展情况：浏览、查看。

（4）变更管理：浏览、查看。

（5）会议纪要。

（6）往来函件。

（7）分部部门发文。

12. 深化设计高级用户

图纸管理、详图计划、详图进展情况、变更管理四个栏目提交。

（1）图纸管理：上传、删除、创建子目录。

（2）详图计划：维护。

（3）详图进展情况：维护。

（4）变更管理：维护。

5.2.4 系统技术框架

本系统采用国际主流的三层体系架构模型，如图 5-1 所示。其中，最上层为用户界面层，中间为业务对象服务层，最底层为数据库服务层。

用户界面层主要面向广大普通用户，它们可以通过浏览器这种统一的界面很方便地访问所需要的资源，从而保证了用户界面的一致性和完整性。

业务对象服务层是连接用户服务和数据服务的桥梁。在这一层中，通常是通过组件的形式来定制相应的业务规则，以相应用户发来的请求，同时与数据服务层进行交互，并将所需数据反馈给用户。这种业务规则主要表现为数据的汇总、提取、修订、合法性校验等

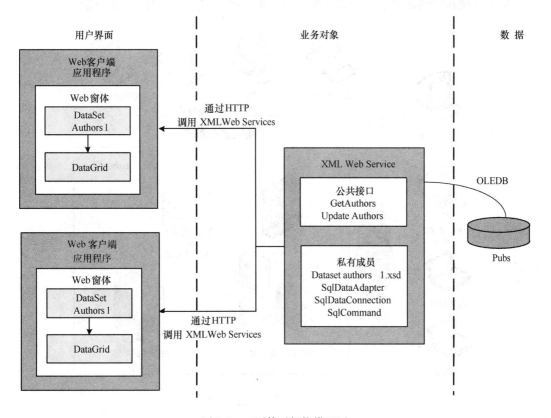

图 5-1 三层体系架构模型图

功能，并通过 Web 和应用服务器实现。

数据服务层包括数据的定义、维护和更新，以及管理相应业务服务层的数据请求。它主要通过各种数据库管理系统，如 Oracle、SQL Server 等来实现，同时这些数据库可驻留在任何平台上。

5.2.5　网络设置

本系统的网络设置根据国家体育场工程当时的管理实际，采用数据库集中分布式体系，即服务器设立在总承包部钢结构分部，其他的单位和个人通过授权方式登录到本系统。通过这种形式，在总承包部钢结构分部建立起网络中心，设置 1 个服务器并能够接入外网，数据库服务器集中在一处，建立集中的数据中心。通过一条 1M ADSL 线路连入互联网，通过互联网链接到异地的用户，通过局域网链接到本地用户，共同使用钢结构信息管理系统。

从管理模式上讲，该种体系适合多级管理形式及远程办公异地管理的业务，可以很好地进行上传下达、数据集中共享、实时统计分析、信息交流的管理目的。同时这种体系也是最理想的一种网络拓扑结构。

这种方式的优点是数据完全大集中，同时方便系统的整体维护；但是这种方式的缺点就是对网络和中央服务器的要求较高，必须保证整个系统的平稳和网络的通畅，一旦中心有问题或者网络有问题，各应用方将受到较大影响。

整个系统在网络规划上采用数据库集中的集中式管理方式，如图 5-2 所示。

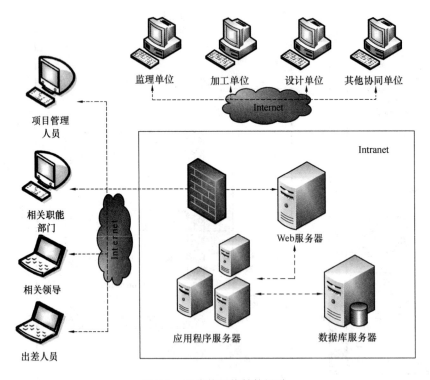

图 5-2　系统的网络结构设计

5.2.6　系统的模块划分

根据项目需求调研的结果，本系统主要以钢结构施工的过程管理为主，侧重于对质量、进度的管理，并实现办公自动化和总包、分包（包括异地的加工单位等）的业务交流和信息共享。因此将系统分成以下几个子系统模块，如图5-3所示。

1. OA 管理

解决总承包部钢结构分部内部以及钢结构分部和各个分包单位的办公信息的网上处理和流转，其中的功能参考已经研发应用的国家体育场总承包部信息管理系统，主要包括：公文公示、网上交流、信息中心等功能。

2. 构件管理

主要为处理钢结构施工中的过程管理信息，建立以构件为基本单位的信息管理系统。在这个系统

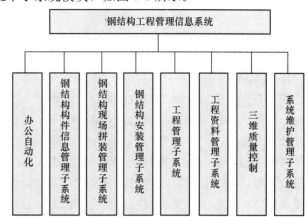

图5-3　钢结构工程施工管理系统的功能结构

内，能够查询到国家体育场钢结构工程中所有杆件的基本属性、动态信息，了解到构件所处的状态、存在的问题等。

3. 钢结构现场拼装信息管理

为满足对构件拼装单元现场拼装过程的管理，及时掌握现场拼装过程状态，而建立本系统。本系统主要包括对拼装单元的基本属性、动态信息的录入、查询与管理功能等。

4. 钢结构安装管理

为满足对钢结构安装过程的实时管理，及时掌握现场钢结构安装过程状态，而建立本系统。本系统主要包括对安装单元的基本属性、动态信息的录入、查询与管理功能等，也包括对支撑塔架的安装、卸载信息的查询和管理。

5. 工程管理

将日常的工程管理工作通过管理系统来实现信息化管理，本系统的工程管理功能主要包括：劳务人员管理、机械设备管理、材料管理、钢结构收支存管理等。

6. 工程资料管理

国家体育场钢结构工程各参施单位已经使用了PKPM资料管理系统，利用该系统进行工程资料的编制，通过本系统能够以各种查询条件对已上传过的工程资料进行查询、检索、浏览、统计和生成归档资料。

7. 质量管理

通过该系统，可以对钢结构工程中各构件、单元的质量状态进行直观的监督，能够及时发现过程质量中出现的波动，并根据波动情况进行分析和预测，及时地将质量状态控制在受控范围之中。

8. 系统维护管理

本部分是整个系统的基础性平台的功能维护部分，为顶层的架构服务，主要包括权限

管理和用户管理等功能部分。

5.3 系统应用实践

5.3.1 OA 管理

OA 管理的主要功能包括：项目简介、公文发布、BBS 论坛、个人便签、通信录、邮件系统、值班管理、常用软件、工作日志、日程安排等。

1. 项目简介

用于介绍国家体育场工程的总体概况、钢结构工程的总体情况、设计、施工、监理、总包、分部、各加工制作单位、安装单位的基本情况等。

2. 公文发布

可以实现公文发布、查询、浏览，公文提醒等功能。其中，公文发布由具有权限的用户进行发布，步骤是填写标题和详细说明、选择附件（可选多个文件，类型不定）、选择接受的用户、发布。公文查询可以实现按公文类型、发布人、关键词、发布时间等进行查询、浏览。公文提醒则在用户接收到发给自己的文件后，在每次登录后，能够有一个提醒区，显示未处理的公文。

3. 值班管理

用于总包、分部、监理、各现场拼装单位、安装单位的值班安排、管理。在系统中可以显示当天、本周各单位的值班人员名称、联系电话等基本信息，可以查询到特定单位、指定时间的值班人员、联系电话。通过值班记录填写区域，值班人员在这里可以简单描述值班期间的工作情况，值班记录可以按照时间、值班单位进行查询。值班管理操作界面如图 5-4 所示。

值班安排		4	月值班安排表		
登记单位	钢结构分部	登记人	潘宝琴	登记日期	2006-3-30
值班日期	值班领导	值班单位	值班员		值班电话
2006-4-1	邱德隆	钢结构分部	王大勇冯红涛董海戎志宏		64993652
2006-4-2	李久林	钢结构分部	王建军阎书良万里程潘宝琴		64993657
2006-4-3	李文标	钢结构分部	王兴科高树栋王磊		64993651
2006-4-4	邱德隆	钢结构分部	王大勇郭伟陈晨董海		64993652
2006-4-5	李久林	钢结构分部	王建军万里程冯红涛		64993657
2006-4-6	李文标	钢结构分部	王兴科高树栋阎书良		64993651
2006-4-7	邱德隆	钢结构分部	王大勇陈晨董海		64993652
2006-4-8	李久林	钢结构分部	王建军郭伟王磊万里程戎志宏		64993657
2006-4-9	李文标	钢结构分部	王兴科高树栋冯红涛潘宝琴		64993651

图 5-4 值班管理

4. 工作日志管理

系统支持用户填写、提交、管理工作日志，同时可以在日志中添加照片、文档等附件。通过系统的用户权限管理，可以实现权限范围内工作日志的查询、浏览、管理等。工作日志管理的操作界面如图 5-5 所示。

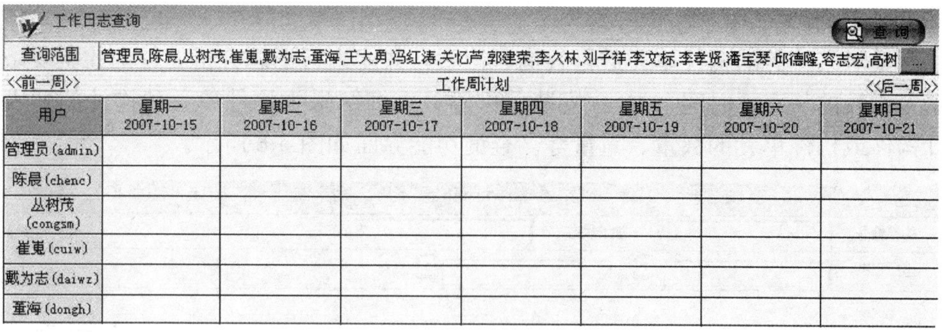

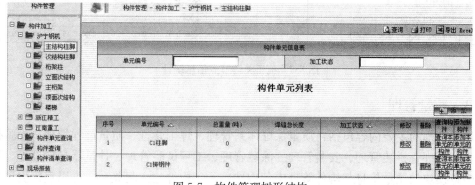

图 5-5　工作日志的管理

5. 通信录

建立和维护所有人员的联系方式，主要包括单位、姓名、职务、办公电话、手机、电子邮件，方便人员之间的交流和沟通，如图 5-6 所示。

单位	姓名	职务	电话	移动电话	E-mail
国家体育场城建国华钢结构分部	李久林	总工程师	64993681	13911923972	lijiulin@buedri.com
国家体育场城建国华钢结构分部	王大勇	质量部部长	64992652	13801361463	wdy@yeah.net
国家体育场城建国华钢结构分部	孙德立	浙江精工驻工监理	0575-4882829	13989540069	qingshan_911@yahoo.com.cn
中信国华国家体育项目部	李文标	副总	84981027-8887	13601120289	
北京城建集团国家体育场工程总承包部	丛树茂	质检员	64993652	13520641209	
国家体育场城建国华钢结构分部	陈晨	技术员	64993651	13810975929	sfcmoody@hotmail.com
国家体育场城建国华钢结构分部	冯红涛	工程部长	64993657	13466563063	fht751231@vip.sina.com.cn
上海宝冶国家体育项目部	程培兴	总指挥	51340241	13901694862	

图 5-6　通信录检索

5.3.2 构件管理

构件管理为本系统的核心管理功能之一，建立该系统的目的是为了将分散在各地的构件加工信息、现场构件拼装信息、安装信息等在一个统一的平台上进行汇总，便于有关各方及时掌握构件所处的状态，以及存在的问题。

1. 管理系统

构件管理系统分为四个层次：第一个层次为基本构件，即详图中所列组成一个拼装或安装单元的基本构件；第二个层次为安装单元或拼装单元，按照施工图或详图中明确的构件单元编号划分；第三个层次为一类构件单元，如柱脚、桁架柱等；第四个层次为所有构件单元类型。系统需要实现钢结构构件的树形结构管理，如图 5-7 所示。

图 5-7　构件管理树形结构

2. 查询统计

主要是对某一类的构件单元进行查询、检索，并能进行汇总分析。查询的主要条件为构件单元所处的状态、时间、加工/安装单位等，查询结果为构件单元和构件的列表，并能统计构件或构件单元的数量、重量等。查询功能界面如图 5-8 所示。

序号	构件编号	重量(吨)	焊缝长度	加工状态	(计划)出厂时间	修改	删除
1	D10A-03					修改	删除
2	IC10-4					修改	删除
3	IC10-5					修改	删除

图 5-8　查询功能界面及查询结果列表

3. 现场拼装管理

与构件加工管理类似，功能节点的层次结构是拼装单位、构件类型、拼装单元三个层次。以列表形式显示所有拼装单元的类型，通过点击具体拼装单元类型进入到相应类型的拼装单元的管理之中，提供查询检索拼装管理功能。

4. 现场安装管理

与构件加工管理类似，功能节点的层次结构是安装单位、构件类型、安装单元三个层次。以列表形式显示所有安装单元的类型，通过点击具体安装单元类型进入到相应类型的安装单元的管理之中，提供查询检索安装管理功能。

5. 施工节点大事记

根据构件单元的日常管理数据自动生成所有构件单元的汇总表，主要列出了每个构件单元的主要施工里程碑的关键时间点，使管理人员看了一目了然，很清楚构件单元的施工进度如何。具体信息包括构件单元名称、加工单位、构件类型、重量（kg）、开始进场日期、结束进场日期、开始拼装日期、结束拼装日期、开始安装日期、结束安装日期。图 5-9 所示为施工关键节点信息统计。

序号	构件单元名称	加工单位	构件类型	重量(KG)	开始进场日期	结束进场日期	开始拼装日期	结束拼装日期	开始安装日期	结束安装日期
71	C4桁架柱上段	沪宁钢机	桁架柱	745.19			2005-12-30	2006-1-17	2006-1-18	2006-1-21
72	C4桁架柱下段	沪宁钢机	桁架柱				2005-12-27	2006-1-16	2006-1-16	2006-1-19
73	C5桁架柱上段	沪宁钢机	桁架柱				2006-1-23	2006-2-20	2006-2-20	2006-2-23
74	C5桁架柱下段	沪宁钢机	桁架柱				2006-1-17	2006-2-14	2006-2-15	2006-2-18

图 5-9　施工关键节点信息统计

5.3.3　质量管理

质量管理的主要内容包括：质量保证体系管理、焊工管理、质量过程管理、检验批管理、焊接管理、拼装管理、安装管理、涂装管理、工程试验管理、计量器具管理等。质量管理中各模块的质量信息与构件管理中各构件单元、构件建立起关系，可以直接引用构件管理中的有关信息。

1. 焊工管理

提供了所有单位的焊工名单，以及焊工在施工过程中的上岗情况，包括身份证、年龄、操作类型、所属单位、焊工证类别、焊工证编号、上岗证编号、验证考试时间、强化训练时间、进场时间、离场时间等信息。图 5-10 所示为国家体育场工程焊工信息列表。

序号	姓名	身份证	年龄	操作类型	所属单位	焊工证类别	焊工证编号	体育场焊工上岗证编号	验证考试时间	强化培训时间	现在所在地	进场时间	离场时间
1	陈政	332102019631106316	42	CO2	沪宁钢机	B	HN-2005-141	NSHN-B141	2006-3-18	2006-3-18		2006-3-18	2006-3-18
2	白成刚	410124770219351	28		城建精工		ZJS-2005-001	NSCJ-B001	2006-3-18	2006-3-18		2006-3-18	2006-3-18
3	芮旭刚	320481771209601	28	01II(C)D	浙江精工		PJ-2005-005	NSCJ-A077	2005-10-30	2005-10-30		2005-10-30	2006-6-30
4	曹建州	411329770625005	28		城建精工		ZJS-2005-002	NSCJ-B002	2006-3-18	2006-3-18		2006-3-18	2006-3-18

图 5-10　国家体育场焊工信息列表

2. 焊接管理

焊接管理可以实现对钢结构拼装焊缝记录、安装焊缝记录、焊缝探伤记录等信息跟踪查询与管理。以拼装焊缝信息管理为例，通过系统可以查询任意拼装单元的焊接信息，如图 5-11 所示。

序号	单元类型	单元编号	焊缝编号	焊工姓名	备注
1	桁架柱	C1上柱	C1-DFB12-1	吕学如	
2	桁架柱	C1上柱	C1-DFB12-2	吕学如	
3	桁架柱	C2上柱	C2-C2A/N9/N10-1	洪锦祥	
4	桁架柱	C2上柱	C2-C2A/N9/N10-2	洪锦祥	
5	桁架柱	C2上柱	C2-C2A/N9/N10-3	徐广法	

图 5-11　钢结构拼装焊缝信息查询

3. 拼装管理

拼装管理主要包括拼装的开始时间，预拼装结果（测量成果、错边结果、预拼装验收时间、验收人）、拼装焊接的验收时间、验收人，拼装后结果（测量成果、错边、验收时间、验收人）等。图 5-12 所示为对口错边、间隙质量控制表。

拼装管理　　对口错边、间隙质量控制

拼装单元名称：　　填报人：管理员　　填报时间：2007-12-23

示意图	接口编号	项目	角点号								备注
			1		2		3		4		
			A-B		B-C		C-D		D-A		
浏览...		错口									
		间隙									

图 5-12　对口错边、间隙质量控制表

4. 计量器具管理

计量器具管理的内容包括：器具名称、管理编号、出厂编号、检定时间、有效期、使用单位等信息，如图 5-13 所示。

序号	检验、测量和试验设备名称	管理编号	出厂编号	数量	管理种类	检定周期(月)	检定时间	管理状态	使用单位	填报人	填报单位
21	经纬仪	002jwyBY	298972	1	B	12月	2005-7-29	合格	宝冶建设	周东恒	上海宝冶
22	全站仪	QZY—01	654324	1	B	12	2005-8-8	合格	沪宁钢机	贺鹏伟	沪宁钢机
23	全站仪	QZY—02	217901	1	B	12	2005-12-15	合格	沪宁钢机	贺鹏伟	沪宁钢机

图 5-13　计量器具管理列表

5.3.4　工程管理

1. 组织机构管理

钢结构分部、各参施单位、监理单位等有关钢结构参施单位的组织机构图、有关管理人员的概况等信息，包括各单位的主要管理人员名称、职务、职称、有关证书编号、联系电话、E-mail 等信息。

2. 劳务人员管理

劳务人员管理主要管理的为特殊工种操作人员，各加工单位、现场拼装单位、安装单位分别进行输入。特殊工种主要包括焊工、装配工、火工/预热工、起重工等，要将每一个工人的基本信息输入到本系统中，主要包括姓名、年龄、身份证号、上岗证类别、上岗证号、进场时间等，要能够对各类工种进行数量统计，可以手工修正，并能够增加备注。

3. 设备管理

主要管理设备类型：起重设备、焊接设备、其他小型工具（如：打磨机，气爆机）。以施工单位为基本单位来进行输入，输入的内容主要包括：设备名称、设备类型、规格型号、设备编号、制造厂家、设备进场日期/验收日期、设备状态（如在用、维修、退厂、封存等）、备注等。图 5-14 所示为通过输入设备类型、使用单位、状态来查询起重机设备的基本情况。

序号	设备编码	设备名称	规格型号	制造厂家	验收日期	设备类型	进场日期	所属单位	设备状态	功率	备注
1	byjs-01001	履带起重机	LR1800	LIBOHER	2006-12-24	起重机械	2006-12-15	宝冶建设	在用	SBC	800T
2	byjs-01002	履带起重机	CC2500	德国德马克	2006-9-7	500T	2006-7-25	宝冶建设	在用	SBC	SBC
3	byjs-01003	履带起重机	SC500-2	日本佳友	2006-12-17	200T	2006-12-7	宝冶建设	在用	SBC	SBC

图 5-14　起重机设备信息查询

4. 材料管理

材料管理主要实现对钢板、焊材、涂装材料等的管理，实现对各厂建筑材料情况进行管理。以各施工单位为基本单位，输入的基本信息包括：材料名称、规格型号、数量、进场日期、检验状态、备注等。可以设置检索条件进行材料查询。

5. 钢结构收支存管理

主要管理各个单位的各种材料的上月库存、本月进厂、月末库存、本月消耗等信息。

6. 钢板到货情况统计

主要是管理各个单位对钢板的意向订货量、实际订货量、实际到货量。

5.3.5　技术管理

1. 技术文件管理

可以把技术相关的各种文件分门别类的集中管理，方便查询。

2. 测量管理

把测量相关的各种文件分门别类的集中管理，方便查询。

3. 洽商管理

把整个工程施工过程中的相关洽商情况，以文字和附件的形式记录下来，为日后的管理提供第一手资料。

4. 焊工工艺评定

把整个工程施工过程中的相关焊工工艺评定的情况，以文字和附件的形式记录下来，为日后的管理提供第一手资料。

5.3.6　资料库管理

1. 图纸管理

将国家体育场钢结构工程的所有电子版图纸拷贝到服务器指定目录下（由于数量太多，不需要上传）。以类似资源管理器的形式，按图纸性质分为施工图、详图、其他图纸，详图再分为柱脚、桁架柱、主桁架、立面次结构、顶面次结构、平台/大楼梯，再细分为具体的安装单元，其他图纸主要包括支撑塔架等。用户在系统中可进行图纸查询，也可以浏览的形式进行检索，单击相应图纸文件，提供下载功能。

2. 图片管理

用于存储施工过程的相关图片。以分级的形式，存放各类照片，可以按照施工单位、时间、构件类别等进行查询检索。照片以两种方式显示，一种为文字列表形式，一种为缩略图形式，单击可以打开在浏览器之中。照片可以批量上传，上传照片时，能够添加标题和描述文字，如果不填，标题和描述显示该图片文件名。

3. 技术文件管理

用于各参施单位能够方便地浏览主要施工技术文件，须要有权限管理。主要为施工组织设计、方案、变更洽商等。格式为 Word 或 PDF 文档，提供在线阅读和下载两种方式使用。主要为施工组织设计、方案，一般是 pdf 文件，可分类管理、能够在网页里打开浏览。

4. 标准、规范管理

将标准规范资料系统链接到本系统之中，方便随时查看。

第三篇　昆明新机场篇

　　昆明新机场是我国"十一五"期间唯一批准新建的大型枢纽机场，其航站楼机电设备安装工程具有系统多、规模庞大、结构复杂、自动化程度高等特点。针对机场机电设备安装、运行和维护管理的实际需求，首次将先进的BIM、4D和GIS技术应用于机场机电安装、运行及维护管理中，为机电设备安装、运维及管理提供科学的信息化管理手段。本书的第6~8章将对昆明新机场的机电设备安装与运维管理情况进行详细介绍。其中，第6章为工程机电设备安装与运维管理情况概述，第7章介绍基于BIM的航站楼机电设备安装4D管理系统，第8章介绍基于BIM的机场航站楼运维信息管理系统。

第6章 昆明新机场机电设备安装与运维管理实践

6.1 概述

6.1.1 工程概况

昆明新机场（现已正式命名为昆明长水国际机场）坐落在云南省昆明市官渡区大板桥镇，新机场航站楼工程地上3层（局部4层），地下3层，总建筑面积54.83万 m^2。航站楼南北长约850m，东西宽约1120m，中轴屋脊最高点相对标高72.25m。航站楼由南侧主楼、南侧东西两翼指廊、中央指廊、北侧Y形指廊五大部分构成，如图6-1所示。

图6-1 昆明新机场全景效果图

昆明新机场航站楼机电设备安装工程包含3个10kV开闭站，12个公共变配电所，4个行李变配电所，10个柴油发电机房，207个配电间，57个MCC电机控制中心，68个罗盘箱，68个弱电间，48个SCR间，1个楼宇控制中心，1个电力监控中心，41个信息、弱电主机房，22个UPS电源室，132个污水泵站，74个空调机房，63个排风、排烟机房，280台空调机组，696台排风机，186个卫生间，4个热泵机房，3个热交换机房，1个消防水泵房，14个水系统报警阀室，1个消防控制中心，4个消防分控室。工程共完成电缆敷设约130万m，桥架敷设约35万m，通风管道约36万 m^2，水管约56万m。

6.1.2 研究背景

昆明新机场是我国十一五期间唯一批准新建的大型枢纽机场，其机电设备包括通用建筑机电、民航专业机电、弱电、信息、消防系统等，具有系统多，规模庞大，结构复杂，自动化程度高等特点，且众多技术设备为国内首次采用。在施工阶段，机电设备安装工程量大，施工工期紧，自动化程度高，施工技术复杂，联合调试难度大，质量标准和运行可靠度要求高。在运维阶段，建筑设备运营维护需要大量信息的支持，而传统的建筑信息主要基于纸质文档和图档进行存储，存在信息获取困难、效率低下等问题，难以满足航站楼等大型公共建筑的管理需求。这些都使机电设备安装工程施工、联调、运维及其管理难度提升到了一个前所未有的高度，对工程施工和管理都提出了严峻挑战。

机场航站楼机电设备安装、运维和管理是一个高度复杂的动态变化过程，参与者涉及众多专业和部门。同步、交叉、并行作业多，作业面重叠，致使人员安排、材料调配、场地和设施占用的冲突和矛盾处处可见，由此造成的工期、成本、质量、安全文明施工等项目管理层次难度极大，风险很高。设备安装、联调和运维过程中，除了需要协调多专业、多作业的复杂关系，解决各种冲突和矛盾，还面临复杂的信息传递、控制和管理的大量工作内容。然而，当前机电设备安装工程依然采用传统的管理方法和手段，主要是通过现场会协调和解决问题，大量复杂的信息还是采用基于纸质文档的人工传递，指挥决策很大程度仍然依赖于管理者的经验。其工作效率和管理水平受制于上述诸多方面，而高度现代化的大型机场建设，在工期、质量和成本控制等各方面要求越来越高，急需新型管理手段、模式来支撑。要保证设备安装工程按期完工，优质安全投入运行，从根本上解决上述问题，关键在于应用先进的信息技术，对设备安装、联调和运维过程进行科学、严格的管理和控制。

BIM 是以三维数字技术为基础，集成了建筑工程项目各种相关信息的工程数据模型，是对工程项目设施实体与功能特性的数字化表达。BIM 可连接建筑生命期不同阶段的数据、过程和资源，被建设项目各参与方普遍使用，支持建设项目生命期中动态的工程信息创建、管理和共享。当前 BIM 已经成为国内外的前沿研究和应用热点，将引发整个工程建设领域的一系列创新和变革，是建筑业信息化的发展趋势。4D 技术是在 3D 模型的基础上，附加时间因素，将模型的形成过程以动态的 3D 方式表现出来，并能对整个形象变化过程进行自动的优化和控制。通过将 BIM 与 4D 技术相结合，建立 4D 施工信息模型，实现了施工进度、人力、材料、设备、成本和场地布置的 4D 动态集成管理以及施工过程的 4D 可视化模拟。其研究发展了 4D 模型理论，扩展了管理功能和应用范围，经专家鉴定，评价为属国内首创，填补了国内空白，达到国际先进水平。GIS（Geographic Information System）技术是用于管理地理空间分布数据的数字化技术和计算机信息系统，可以直观的地理图形方式录入、存储、管理、分析和显示与地理空间相应的各种数据，具有很强的空间拓扑和综合分析能力，被广泛应用于测量、土地管理、城市区域规划、城市基础设施、交通运输和防灾抗灾等领域。

针对机场机电设备安装、运行和维护管理的实际需求，首次将先进的 BIM、4D 和 GIS（Geographic Information System）技术应用于机场机电安装、运行及维护管理中，开发并应用了基于 BIM 的昆明新机场航站楼机电设备安装 4D 管理系统和航站楼运维信息管理系统。在施工阶段，通过建立基于 BIM 的机电设备 4D 信息模型，实现机场航站楼机电设备安装工程施工的 4D 动态管理以及施工过程的 4D 可视化模拟。在运维阶段，支持机电设备安装施工信息与运维阶段无损传递和数据共享，实现基于 BIM 和 GIS 的航站楼运维的信息化、动态化和可视化管理。利用 BIM 的空间拓扑信息、资源信息以及机电设备相关信息，进行 GIS 表现，支持日常运维中的物业、机电、流程、库存以及报修与维护等管理工作和信息查询，为机电设备安装、运维及管理提供科学的信息化管理手段。

6.1.3 研究目标

针对机场机电设备安装和运行管理特点和实际需求，综合应用先进的 BIM 和 4D 技术，通过建立基于 BIM 的机电设备 4D 信息模型、BIM 数据库和技术知识库，支持机电设备安装和运维的数据共享和集成管理，实现机场航站楼机电设备安装工程施工进度的 4D 动态管理以及施工过程模拟的 4D 可视化、施工技术的体系化和知识化，实现机电设备联调及运维的全过程信息支持、多维信息管理以及动态的实时信息查询，为机电设备安装、运维及管理提供科学的信息化管理手段。

（1）基于机电设备 4D 信息模型，实现机场航站楼机电安装 4D 进度动态管理、控制和施工过程的 4D 可视化模拟，保障昆明新机场航站楼机电设备安装工程按期完工，优质安全投入运行。

（2）建立机电设备 BIM 数据库，支持机电设备安装和运维的数据共享和集成管理，为航站楼机电设备的运维管理提供数据支持，有效地提升机电设备的信息化管理水平。

（3）创建机场机电设备安装工程综合施工技术知识库，通过获取和提炼相关知识，为机场机电设备安装工程提供施工方法、工作流程、技术指标等多方面决策知识和支持。

（4）通过科研与工程的结合，培养掌握 BIM 技术的机电安装和管理的跨领域人才。

6.1.4 研究意义

首次将 BIM、4D 和 GIS 技术相结合应用于机场机电设备安装工程和运维管理，解决机场机电设备安装和运维面临的重大管理技术问题，为其信息化管理探索新的理论、方法和技术，填补 BIM、4D 和 GIS 技术在机电设备安装工程和运维管理的应用空白，具有很高研究价值和现实意义。

项目立足昆明新机场机电设备安装工程，研发基于 BIM 的机场机电设备安装 4D 管理系统和航站楼运维信息管理系统，为机电设备安装及运维管理提供科学的信息化管理手段。系统应用通过建立机电设备 4D 信息模型和 BIM 数据库，可衔接机场航站楼机电设备安装和运维各个环节，快速获取和处理相关信息，合理安排工期，精确掌握进度，优化使用资源，确保质量安全，避免或减少各种冲突和矛盾，达到保证工期，节省资源，降低成本的目的。在运维阶段，可支持日常运维中的物业、机电、流程、库存以及报修与维护等管理工作和信息查询，能极大提高工作效率和管理水平，具有很大的社会、经济效益。

6.2 项目内容与关键技术

6.2.1 主要研究内容

根据昆明新机场机电设备安装工程特点和实际需求，在已有的 BIM 和 4D 技术研究成果基础上，开发"基于 BIM 的昆明新机场机电设备安装 4D 管理系统与信息知识管理平台"，系统包括 3 方面的功能和应用。

1. 机场航站楼机电安装 4D 进度管理系统

（1）在"建筑工程 4D 施工管理系统（4D-GCPSU）"的基础上，定制开发"昆明新机场航站楼机电安装 4D 管理系统"，提供机电安装 4D 进度管理及控制、信息实时查询、4D 过程可视化模拟等功能。

（2）将"昆明新机场航站楼机电安装 4D 进度管理系统"应用于机场航站楼机电安装工程中，实现了以下应用目标：

1）WBS 划分和制订进度计划：对航站楼机电安装工程进行 WBS 划分，制订进度计划，形成机电安装进度模板。

2）创建基于 BIM 的 4D 信息模型：包括航站楼机电设备平面布置模型；值机岛、罗盘箱等机电设备单元及管线 3D 模型；将模型与相应的 WBS 及进度计划相链接，并与设备安装的相关信息集成一体，生成航站楼机电安装整体 4D 信息模型。

3）实现航站楼机电安装的整体 4D 进度管理：基于航站楼机电设备安装整体 4D 信息模型，对整个机电设备安装工程进行 4D 进度动态管理、关键项目控制以及信息实时查询。

4）实现值机岛、罗盘箱等机电设备单元安装的精细 4D 进度管理：基于值机岛、罗盘箱等的精细 4D 信息模型，对其机电安装工程进行精细化 4D 进度动态管理与控制，以及 4D 可视化模拟。

2. 基于 BIM 的昆明新机场航站楼机电设备信息管理平台

（1）开发"基于 BIM 的昆明新机场航站楼机电设备信息管理平台"，通过建立机电设备数据库和基于网络的信息管理平台，实现机电设备系统的多维信息管理和实时信息查询。

（2）将"基于 BIM 的昆明新机场航站楼机电设备信息管理平台"应用于航站楼机电设备信息管理，为设备运行及管理提供有效支持，实现以下应用目标：

1）机电设备布置 GIS 信息查询：利用 GIS 技术创建航站楼机电设备布置平面图。可以直观展现和查询各功能分区的相关信息，包括分区功能、设备数量及类型、安装信息等。

2）航站楼机电设备数据库创建：按照功能分区进行机电设备信息的分类和存储，创建机电设备数据库，录入机电系统的多维信息，包括机电设备的空间位置、几何模型（图纸、图片、3D 模型、视频）、规格型号、技术指标、设备供应商、安装进度、质量以及运行状态等信息。

3）基于网络的机电设备多维信息管理：建立基于 B/S 结构的设备信息管理平台，实现航站楼机电设备系统的多维信息管理，通过地理位置、二维条码等方式实现快捷、方便地实时信息查询。

3. 机场机电设备安装工程综合施工技术知识管理平台

研发基于 B/S 结构的机场机电设备安装工程综合施工技术知识管理平台，实现以下功能：

（1）建立知识结构体系：建立大型机场机电设备安装工程施工技术的知识结构体系。

（2）创建知识库：创建机场机电设备安装工程综合施工技术知识库，按照知识结构体系和内容，获取、提炼、录入相关知识。

（3）建立基于 B/S 结构的知识管理平台：建立基于 B/S 结构的机场机电设备安装工程综合施工技术知识管理平台，可以在网上查询相关知识和信息，并可以根据需要更新相关知识。

6.2.2 解决的主要关键技术问题

项目研究主要解决以下关键问题：

（1）研究大型机场机电设备安装的施工过程及其信息流，建立昆明新机场机电设备安装 4D 进度动态管理和信息、知识管理的总体解决方案。

（2）建立昆明新机场航站楼机电设备 4D 信息模型及其建模技术。

（3）建立机场机电设备 BIM 数据库及其设备对象的逻辑关联和数据存储机制。

（4）建立机场机电设备安装工程施工技术的知识结构体系以及知识获取、表达方法。

（5）研究基于 4D 信息模型和 BIM 数据库的信息集成和交换技术。

（6）研究综合应用 BIM、4D 和 GIS 技术的机电设备信息管理方法。

（7）研究网络通信、二维条码和智能手持设备在机电设备信息管理中的应用方法和数据接口引擎。

6.2.3 项目的主要创新点

（1）首次综合应用 BIM 和 4D 技术，解决机场航站楼机电设备安装和运行面临的重大管理技术问题，为机场机电设备安装工程的信息化管理探索新的理论、方法和技术。

（2）首次建立基于 BIM 的机电设备 4D 信息模型和 BIM 数据库，支持机场机电设备安装和运行的数据共享和集成管理。

（3）立足昆明新机场机电设备安装工程，研发基于 BIM 的机场机电设备安装 4D 管理系统与信息知识管理平台，实现机场机电设备安装施工进度的 4D 动态管理以及施工过程的 4D 可视化模拟，实现机电设备的多维信息管理和实时信息查询，为机电设备安装和运行提供科学的信息化管理手段。

（4）首次建立机场机电设备安装工程综合施工技术知识库，为机场机电设备安装工程提供施工方法、工作流程、技术指标等多方面决策知识和支持。对于提高机场机电设备安装工程科学管理水平，具有广阔的应用前景。

6.3 项目的实施方案

6.3.1 系统的结构

基于 BIM 的昆明新机场设备安装 4D 管理系统与信息知识管理平台，包括数据层、支撑平台、应用系统 3 个层次。其中，数据层由 BIM 数据库、GIS 数据库、知识库组成，支撑平台包括 4D 可视化平台、机电信息管理平台、综合知识平台 3 项应用，应用系统由昆明新机场航站楼机电安装 4D 进度管理系统、基于 BIM 的航站楼机电设备信息管理平台、机场机电设备安装工程综合施工技术知识平台 3 个部分组成。系统的逻辑结构如图 6-2 所示。

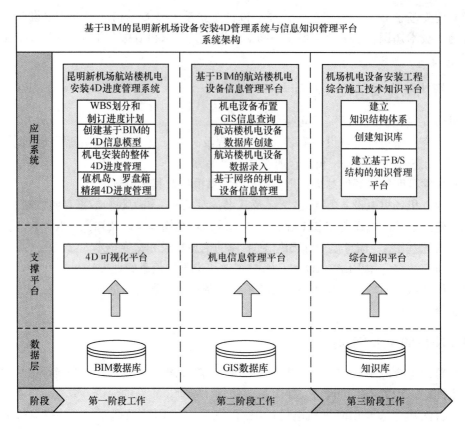

图 6-2 系统逻辑结构图

6.3.2 研究方法

1. 深入地需求调研

通过文献和实地调研等多种形式，深入调查国内外相关研究和应用现状，特别了解昆明新机场机电设备安装及运行信息化管理的具体需求，把握其信息创建、管理、分发及使用过程和特点，确定详细的总体研究方案。

2. 系统地理论和技术研究

综合应用 BIM、4D 和 GIS 的先进理论和技术，结合大型机场设备安装工程的实际情况加以创新和发展，形成一套机场设备安装工程和运维信息化管理的较为完整的技术体系，以达到技术创新和集成应用目的。具体包括以下几点：

（1）基于 BIM 技术，建立机电设备 4D 信息模型。

（2）研究基于 4D 信息模型的机场机电设备安装进度管理及控制方法。

（3）研究基于 GIS 和 BIM 的物业与机电系统及其信息表示方法。

（4）研究 BIM 和 GIS 之间的信息转化和共享技术。

3. 系统设计和开发

在理论和技术研究的基础上，按照软件工程的思想和方法，进行整体系统设计，使用面向对象的方法开发系统。在软件开发过程中，以应用为驱动，以架构为中心，通过迭代，逐步完成系统功能的开发。同时，在系统开发过程中，注重听取实际应用人员的反馈，使软件既符合实际设计或分析评估工作的需要，又能够充分地挖掘 BIM 的潜能。

4. 应用测试

在昆明新机场机电设备安装工程和航站楼运维管理中，对研制的系统进行应用测试，并对照目标，对应用效果进行总结，并对系统进行必要的修改和完善。

5. 有针对性地成果总结

对研究过程和成果进行归纳总结，从中提炼出有价值的理论、方法和技术，为研究成果的推广应用和进一步研究提供依据。

6.3.3 项目进度计划

本项目研究期限为 2009 年 01 月～2012 年 12 月，工作节点及节点目标见表 6-1 所示。

项目实施的总体进度计划 表 6-1

时间节点	实施内容
2011 年 4 月	实地调研，需求分析，系统设计
2011 年 5 月	完成"昆明新机场航站楼机电安装 4D 进度管理系统"的软件定制开发、BIM 建模、数据录入、系统安装调试和技术培训
2011 年 6～9 月	完成"基于 BIM 的昆明新机场航站楼机电设备信息管理平台"的软件开发、数据录入、系统安装调试和技术培训
2011 年 10～12 月	完成"机场机电设备安装工程综合施工技术知识管理平台"的软件开发、数据录入、系统安装调试和技术培训
2012 年 1～3 月	系统验收、申报成果
2012 年 1～12 月	系统应用和维护

6.3.4 成果形式

"基于 BIM 的昆明新机场机电设备安装 4D 管理系统与信息知识管理平台"全套软件系统的可执行程序和相应的技术文档，包括系统需求分析报告、系统设计报告、系统安装手册和用户使用手册。

6.3.5 考核指标

（1）完成"基于 BIM 的昆明新机场机电设备安装 4D 管理系统与信息知识管理平台"，并应用于昆明新机场航站楼机电设备安装与管理过程中。

（2）取得软件著作权 2 项。

（3）在国内外学术刊物或会议上发表论文 3 篇以上。

（4）培养青年科研骨干及研究生 4 名以上。

6.4 研究过程及成果

6.4.1 研究过程

1. 基于 BIM 的昆明新机场航站楼机电设备安装 4D 管理系统研究

（1）关键技术研究

1）针对昆明新机场航站楼机电设备庞大、逻辑结构复杂等特点，提出多层次 4D 模型概念，包括宏观 4D 模型、微观 4D 模型和系统示意图 4D 模型，满足不同层次用户的需求，并可减少建模工作量。

2）研究基于 BIM 的 4D 施工模拟以及进度对比分析、前置任务分析、进度滞后分析、协同进度管理等动态施工管理技术，解决机场航站楼机电设备安装过程中多专业交流、协作困难的问题。

（2）系统研发

结合多层次 4D 建模技术，在已有 4D 施工管理系统基础上，定制开发"基于 BIM 的昆明新机场航站楼机电设备安装 4D 管理系统"，支持宏观、微观和系统示意图三个层次的 4D 施工模拟与协同施工管理，适应于机电设备施工管理实际需求。

（3）实际应用

1）应用 Revit 系列软件建立了航站楼的整体建筑模型、给排水系统宏观模型及其系统图模型和值机岛、罗盘箱、空调机房的 BIM 模型，此外还建立了走廊吊顶、热交换机房、电力监控中心、集水坑等机电集中局部的微观模型；

2）将 BIM 模型导入 4D 系统，与相应的进度计划关联，建立多层次的 4D 模型，实现了昆明新机场航站楼机电设备安装工程的多层次 4D 模拟和动态施工管理，并辅助进行机电系统调试模拟，实现各参建单位之间的信息共享和动态施工管理，可辅助各单位快速了解整体施工现状，制定进度计划，并为多专业和各单位间的交流和协作提供可视化平台，极大地提高了现场管理者的协同施工管理水平，有效解决施工冲突、返工、窝工等问题。

2. 基于 BIM 的昆明新机场航站楼运维信息管理系统研究

（1）关键技术研究

1）针对昆明新机场航站楼机电设备庞大、构件繁多、逻辑结构复杂，提出了基于 BIM 和 GIS 的航站楼运维信息管理方法，研究并解决了 BIM 和 GIS 的数据和系统集成技术，支持施工信息向运维阶段的无损传递，可利用 BIM 的空间拓扑信息、资源信息、机电设备相关信息，进行 GIS 表现。

2）提出了基于 BIM 的室内路径自动生成算法，为 GIS 平台提供室内路径拓扑数据；基于 GIS 的房间布局、机电系统布局及其逻辑关系可视化方法，基于 GIS 的航站楼室内路径规划以及流程管理和展示方法，在 GIS 平台实现可视化的运维信息查询和管理。

（2）系统研发

开发基于 BIM 和 GIS 的 B/S 架构运维信息管理系统，结合航站楼实际管理需求和组织架构，系统包括物业信息管理、机电信息管理、机场流程管理、库存与备件管理、报修与巡检管理、系统管理 6 大模块。实现了基于 BIM 的航站楼运维管理。该系统可支持航站楼的物业管理部、机电管理部和维修部等不同部门的日常运维管理和信息查询。

（3）实际应用

1）昆明新机场航站楼运维管理系统已经在航站楼现场部署并开始应用。首先从 BIM 数据库提取施工阶段创建的 BIM 空间拓扑信息、资源信息、机电设备相关信息，包括机电设备的空间位置、几何模型、规格型号、技术指标、设备供应商、施工进度以及图纸、图片、视频等资料；然后结合运维管理实际需求，组织相关管理人员，应用系统接口输入相关运维信息，包括合同信息、机电设备性能配置、构配件库存等，并进行 GIS 数据转换和表现。

2）支持航站楼日常运维中的物业管理、机电管理、流程管理、库存管理以及报修与维护等管理工作和信息查询，有效提高了管理水平和效率，为相关决策提供了有力支持。

3. 机场机电设备安装工程综合施工技术知识管理平台研究

（1）知识体系研究

结合机场机电设备安装工程施工技术知识的特点及应用需求，建立了大型机场机电设备安装工程施工技术的知识结构体系，包括机场机电工程施工总承包及专业分包管理，施工合同管理、施工组织管理、施工仓储管理，大型机场机电工程综合施工技术三部分。

（2）系统研发

搭建了 B/S 架构的知识库及其管理平台，支持施工管理人员高效地管理和获取工程资料和专业知识，并通过论坛等形式实现知识的积累和共享，提高信息获取效率，辅助施工管理和决策。

（3）实际应用

1）组织有经验的施工管理人员、工程师整理了一整套的机场机电设备安装工程施工技术知识，包括国家标准、设计规范、施工技术、现场图片、设备类型、参数等知识，涉及建筑电气、智能建筑、通风空调和建筑给水排水等专业。

2）应用先进的版本管理和跟踪技术，支持用户查询和跟踪资料及知识的最新版本；通过权限控制机制，限制文档等资料在只能有权限的用户才能修改。

6.4.2 研究成果

（1）首次将 BIM、4D 和 GIS 技术综合应用于机场航站楼机电设备安装和运维管理：针对航站楼机电系统庞大、逻辑结构复杂、多专业并行施工等特点，将 BIM、4D 和 GIS 技术综合应用于机场航站楼机电设备安装和运维管理，解决机场航站楼机电设备安装和运行面临的重大管理技术问题，为机场机电设备安装和运营的信息化管理探索了新的理论、方法和技术。

（2）首次提出基于 BIM 的多层次 4D 建模和协同施工管理技术：研究并提出适用于大型、复杂机电设备安装工程的多层次 4D 建模和协同施工管理技术，支持用户根据实际需求建立不同粒度的 BIM 模型，解决机场航站楼机电设备及管理 BIM 建模工作量巨大、逻辑关系复杂等问题，促进 BIM 和 4D 技术在机电设备安装工程中的应用；基于多层次 4D 模型实现宏观和微观相结合的 4D 动态施工管理，能有效支持航站楼机电设备安装过程中多专业和多参与方协同管理，确保并行或交叉施工顺利进行，减少解决专业间的施工冲突、窝工、返工等问题，提高施工效率和管理水平，保障施工工期和质量。

（3）提出基于 BIM 和 GIS 的航站楼运维管理技术：将 BIM 和 GIS 技术有机结合，研究并解决了 BIM 和 GIS 的数据和系统集成技术，支持施工信息向运维阶段的无损传递。利用 BIM 的空间拓扑信息、资源信息、机电设备相关信息，进行 GIS 表现，支持航站楼日常运维中的物业管理、机电管理、流程管理、库存管理以及报修与维护等工作，实现了航站楼运维信息化、动态化和可视化管理，有效提高了管理水平和工作效率，为相关决策提供了有力支持。

（4）建立机场机电设备安装工程综合施工技术知识库：为机场机电设备安装工程提供施工方法、工作流程、技术指标等多方面决策知识和支持，对于提高机场机电设备安装工程科学管理水平，具有广阔的应用前景。

第 7 章 基于 BIM 的航站楼机电设备安装 4D 管理系统

7.1 系统概述

基于 BIM 的昆明新机场航站楼机电安装 4D 管理系统（4D-BIM 系统）是在"建筑工程 4D 施工管理系统（4D-GCPSU）"的基础上，定制开发的机电安装 4D 管理系统。该系统综合应用了 4D-CAD、BIM、工程数据库、人工智能、虚拟现实、网络通信以及计算机软件集成技术，引入建筑业国际标准 IFC（Industry Foundation Classes），通过建立 4D 信息模型，将建筑物及其施工现场 3D 模型与施工进度计划相链接，并与施工资料等信息集成一体，它能通过一个直观的三维图形平台来反映工程项目管理中的进度计划、实际进度、进度偏差、进度执行情况分析等信息。同时，针对航站楼机电安装复杂、庞大、局部设备集中、系统性强等特点，引入多层次 4D 模型概念及相应的动态管理技术，使 BIM 和 4D 技术能很好地应用到机电安装工程，既可实现整体机电安装工程的宏观管理，也可对机电设备复杂局部进行详细模拟与管理，并解决三维视图对机电系统的逻辑关系表现不佳等不足。应用表明，4D-BIM 系统可用于模拟建筑机电设备系统的施工过程，辅助施工方案优化，为多专业和部门的交流和协作提供技术和平台，可显著提高机电设备安装工程的施工效率和管理水平，促进 BIM 和 4D 技术在机电设备安装工程中的应用。

4D-BIM 系统基于 IFC 标准，实现了建筑设计与施工管理的数据交换和共享，可以利用设计成果直接导入设计阶段定义的建筑物三维模型，并用于 4D 施工管理，在很大程度上减少了数据的重复输入，提高了数据的利用效率，减少了人为产生的信息歧义和错误。

该系统主要具有如下特点：

（1）实现了基于网络的多用户管理，系统管理者为工程项目不同管理部门和参与方配置了不同的权限，允许多用户在网络上对系统进行操作。

（2）提供了基于 IFC 标准的数据接口，支持设计和施工的信息交换和共享；应用 IFC 属性扩展机制对实时动画信息进行描述，建立了基于 IFC 标准的建筑物真实感模型及动画模型。并在模型研究的基础上，运用 OpenGL 技术进行建筑物真实感渲染和场地实时动画功能进行开发，实现逼真的 3D 模型及实时动画，支持建筑施工过程虚拟仿真。

（3）建立了建筑物以及施工场地 3D 模型与施工进度计划的双向链接，及其与人力、材料、设备、成本等相关资源的信息集成。

（4）自主开发的基于 OpenGL 的图形平台，增强了 4D 可视化模拟效果。系统界面提供了较强的个性化服务，可以根据用户不同的工作内容呈现不同的工作界面，结合图形、图标及工作向导等多种表现形式，易于用户操作和使用。

（5）基于对用户行为习惯以及相应需求的分析，系统架构采用了基于微软的组合界面程序块架构的开放体系结构，具有良好的复用性和可维护性，可灵活定制用户界面，良好地支持了用户需求。

（6）结合我国建筑施工的实际工程和管理需求，以 WBS 为核心，实现了 4D 施工进度管理、4D 施工过程模拟、施工资源动态管理以及 4D 施工场地管理等功能。适用于各种建筑工程的施工项目管理，尤其是大型、复杂工程的施工管理。

（7）基于多层次 4D 模型，实现了宏观和微观 4D 动态施工管理，即为中、高层管理者快速了解整体机电设备安装工程的宏观施工过程提供了可视化的平台，也可辅助现场管理者和工程师针对机电设备集中区实现微观 4D 施工过程模拟、施工方案优化和动态施工管理。

（8）基于轴线模型的管道渲染技术，解决了整体模型 3D 渲染时小尺寸管道不清晰的问题，改善了 4D—CAD 技术对机电设备系统整体布局展现的效果，为实现机电设备安装工程宏观 4D 施工模拟与管理奠定基础。

（9）基于 BIM 和 4D 技术，实现不同单位之间的施工信息共享和动态施工管理，可辅助各单位快速了解整体施工现状，制订进度计划，并为各单位间的交流和协作提供可视化平台，确保并行或交叉施工顺利进行，减少窝工、返工等问题，避免不必要的浪费，缩短工期。

7.1.1　系统结构

结合昆明新机场航站楼机电设备系统庞大、逻辑结构复杂以及局部位置机电系统集中的特点，系统进行了二次开发，实现了基于 BIM 的昆明新机场航站楼机电设备安装 4D 管理系统。其系统架构如图 7-1 所示，包括数据库、数据接口、图形平台、模型管理平台、4D 信息模型、4D 微观管理模型以及 4D 宏观管理模块。

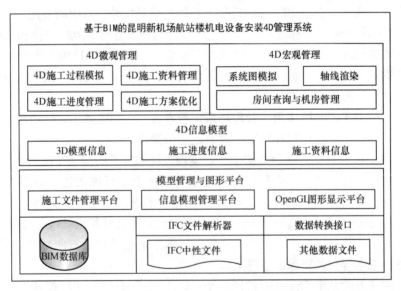

图 7-1　基于 BIM 的昆明新机场航站楼机电设备安装 4D 管理系统架构

1. 宏观 4D 管理

在 3D 建筑模型中，直观地展现航站楼整体机电设备布局，实现宏观的机电设备 4D

施工模拟、管理和信息查询，辅助高层管理者快速了解工程的整体施工进展和进行宏观的项目管理与分析。

2. 微观 4D 管理

直观形象地展现机房、走廊、值机岛等机电设备集中部位的空间布局和管道搭接关系，为多部门的管理者和工程师进行交流和协作提供平台，辅助施工方案可行性分析和方案优化，并可作为模板为其它航站楼机电建设提供参考。

7.1.2 系统应用流程

由于在设计阶段没有建立机场航站楼机电系统的 BIM 模型，因此在 4D 管理系统应用之前，采用 Autodesk 的 Revit 系列软件和 Civil 3D 创建 BIM 设计模型，并采用 Microsoft Project 创建进度计划，通过各种接口集成于 4D 系统中，建立完整的 4D 信息模型，如图 1-14 所示。

1. 3D 设计模型创建

利用 AutodeskRevit 系列软件和 Civil3D 作为设计阶段的 BIM 建模工具，基于构件类型和预定义的构件族等技术，支持用户快速便捷地创建智能的 3D 建筑、结构、管线、桥梁、道路、隧道等设计模型。创建的 3D 设计模型包括构件类型、几何、材料以及力学性能等各种设计信息；并可通过 IFC 接口导出为 IFC 文件，供 4D 管理系统和其他系统导入并共享数据。

2. 进度计划创建

施工进度计划采用 Microsoft Project 软件创建，包括 WBS 分解、各项工作的计划时间、紧前紧后关系以及里程碑等信息。Microsoft Project 创建的进度信息可直接导入到 4D 管理系统中，实现 3D 模型与进度信息的链接，创建 4D 模型。

3. 施工信息导入

施工资源、成本、场地、质量和安全等施工信息，采用 4D-BIM 系统提供的接口和方式进行导入和添加，最终建立包含各种设计信息和施工信息的 4D 信息模型，支持 4D 施工管理和工程模拟。

由于机电设备安装工程涉及多个专业和多个部门，很多模型没有满足需求的进度计划，需要通过多专业协作创建可行的进度计划。本工程针对宏观模型和微观模型建立了一整套标准流程，如图 7-2 所示，制订进度计划模板，最终形成进度计划库。

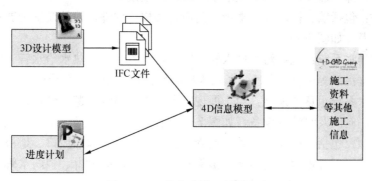

图 7-2　4D 信息建模工具和方法

7.1.3 系统运行环境

1. 系统硬件配置要求

（1）服务器平台推荐硬件配置

CPU：4 核，$\geqslant 3.0\mathrm{GHz}$，2 颗。

内存：FB-DIMM$\geqslant$4GB 支持四位纠错、内存镜像、在线备份。

硬盘：SAS 146GB$\times$2，$\geqslant$10000 转。

安装 Windows Server 2003 R2 32bit 或 Windows Server 2008 32bit 系统。

（2）客户端平台推荐硬件配置

CPU：双核 2.3G 以上。

内存：2G 以上。

显卡：独立显卡，512M 独立显存及以上。

硬盘：不少于 80G 空间。

2. 系统软件配置要求

（1）服务器平台软件配置要求

数据库：SQL Server2005 或 SQL Server2008（数据库版本要与操作系统匹配）。

操作系统：Windows Server 2003 R2 32bit 或 Windows Server2008。

（2）客户端软件环境要求

操作系统：Windows XP sp3$+$。

系统组件：.Net framework3.5。

可选相关软件：Windows Office Project 2003 及以上、AutoCAD2006 及以上。

7.2 BIM 建模与机电深化设计

7.2.1 BIM 模型的创建

BIM 模型是施工阶段 BIM 应用的数据基础，机电深化设计是 BIM 技术在机电设备安装工程中的重要应用之一。本项目采用 Autodesk Revit 系列软件进行建筑、机电专业的建模及深化设计。本项目的建模内容主要包括：整体建筑模型，排水系统模型，罗盘箱、值机岛、走廊顶部、热交换机房等机电集中局部的模型。

建筑模型：包括墙、柱、梁、楼板、门窗、楼梯等构件，建筑模型为展示机电设备布局提供空间参考，如图 1-15 所示。

宏观给水排水系统：包括污水排水管、废水排水管、生活热水给水管、生活热水回水管、集水坑、排污泵等构件。图 7-3 所示为昆明新机场宏观排水系统模型。

冷水、中水系统示意图模型：用于展现冷水、中水系统的逻辑结构，采用简化模型表示管道、水箱、阀门及水池等设备，如图 7-4 所示。

值机岛模型：包括钢结构、龙骨、风管、桥架、线槽、球形风口、地板、航显盒、玻璃隔断、配电柜、服务柜台、遮阳膜、摄像机、水炮、消防喷淋、消防水管、烟感、值机柜台、吊顶等约 1400 个构件，如图 7-5 所示。

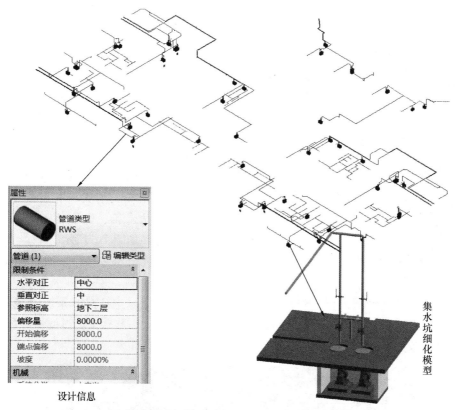

设计信息

图 7-3　昆明新机场的宏观排水系统模型

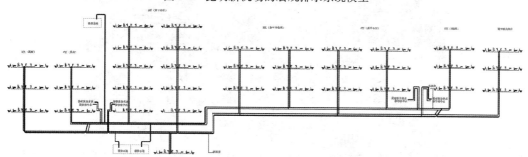

图 7-4　昆明新机场冷水、中水系统示意图模型

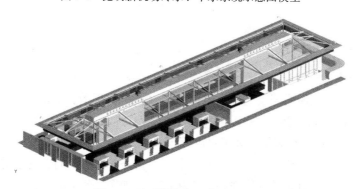

图 7-5　昆明新机场的值机岛模型

罗盘箱是一个机电专业比较齐全及集中的机电设备单元，包括风管、风口、消防水管、消火栓箱、消防水炮管、水炮、采暖水管等。罗盘箱施工存在空间狭窄、工序复杂、交叉施工等问题，通过4D模拟分析和优化施工计划，应用动态进度管理控制施工过程，保证施工顺利完成。

罗盘箱的BIM模型：包括龙骨、风管、百叶格栅、消火栓柜、配电柜、隔离箱、消防水管、电缆桥架等300个左右的构件，如图7-6所示。

热交换机房包括：一次冷冻水系统、一次热水系统、空调热水系统、常年制冷水系统以及生活热水系统等多套系统，

图 7-6　昆明新机场的罗盘箱模型

且包含集水器、压力泵、换热器等设备，以及阀门、压力表、软接头、过滤器等配件。图7-7所示为热交换机房BIM模型。

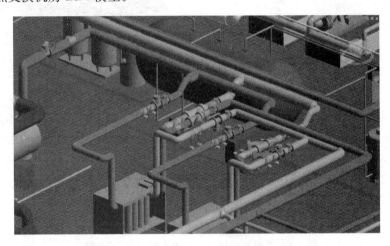

图 7-7　热交换机房 BIM 模型

7.2.2　机电深化设计

1. 热交换机房深化设计

热交换机房有容积换热器、循环水泵、集分水器、气压罐、水箱、配电箱柜、控制柜等大量机电设备及各系统管线。基于BIM理念，对其进行平面综合深化设计、局部剖面深化设计、全区域3D动态演示，施工进度模拟、调试运行操作模拟等工作。

（1）根据热交换机房给水排水、暖通、电气、设备等图纸进行深化及叠加，合理进行空间布局及调整，完成机房综合平面图纸深化设计，如图7-8所示。

（2）根据深化完成的综合平面深化图纸进行复杂部分剖面深化，并进行3D图纸深化

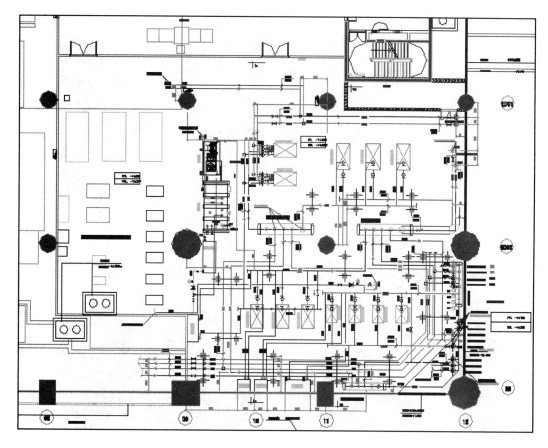

图 7-8　热交换机房综合平面深化图

设计，使二维综合平面图纸更加直观化，形象化，如图 1-16 所示。

（3）将 3D 模型（图 7-9～图 7-11）与机电施工进度计划相结合，通过计算机软件模拟各阶段施工情况，进而合理编排施工工序及调试操作顺序。

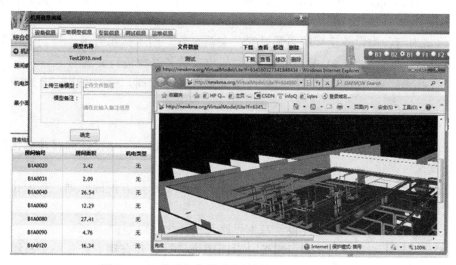

图 7-9　3D 模型与各类进度计划及调试操作相结合

图 7-10　热交换机房 3D 图纸与现场照片对比图（一）

图 7-11　热交换机房 3D 图纸与现场照片对比图（二）

2. 空调机房深化设计

（1）昆明新机场空调机房的现状分析

1）昆明新机场 PLA-B3-A13 空调机房设备较多，其中空调机组 5 台、排风机 2 台、消防正压送风机 1 台，另外还有配电箱、柜、设备控制箱等，由于房间空间面积较小，合理的设备布局显得尤为重要。

2）机房内与各类设备连接的空调风管、空调水管、给水排水管道、强弱电桥架、管线等比较复杂，根据二维的 CAD 图纸很难对机电安装各系统进行直观的了解。

3）机房空间面积较小，对机电设备设施安装空间要求高，机电安装需合理考虑运维的操作空间及通道。

（2）空调机房机电安装 3D 深化设计方案

1）针对空调机房设备多，管线复杂，空间狭小等现状，深化设计部召开深化设计研讨会，认真探讨深化设计方案。

2）深化设计本着布局合理、实用美观、施工便捷、操作方便的原则，在深化中精益求精，做到处处为业主着想。

3）深化设计前期，制定深化设计基本思路及设计优化原则。

4）深化设计小组先进行空调机房综合平面图纸设计，并合理安排各空调机组和配电箱、柜的位置。

122

5）为配合土建空调机房设备基础施工，将设备专业基础图单独出图，经设计院审批后提供给土建施工方进行基础浇筑。

6）复杂管线位置进行剖面处理，将管线位置、标高、施工工序及规格型号在剖面图纸上体现出来，给现场施工提供方便。

7）进行复杂机房的 3D 图纸设计，使技术、施工人员可视化辨识了解现场概况，更清晰的梳理各系统管线。

（3）深化设计结果图

PLA-B3-A13 空调机房的 3D 深化设计结果如图 7-12～图 7-14 所示。

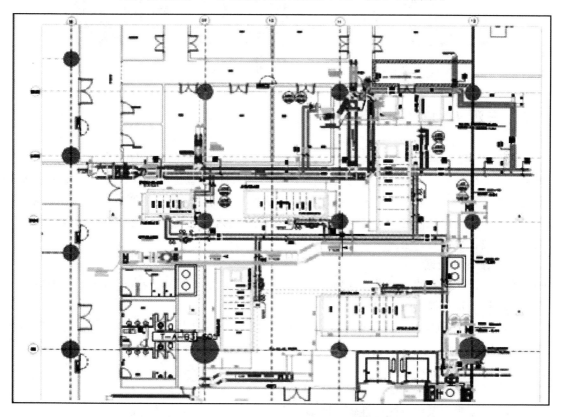

图 7-12　PLA-B3-A13 空调机房 CAD 平面图

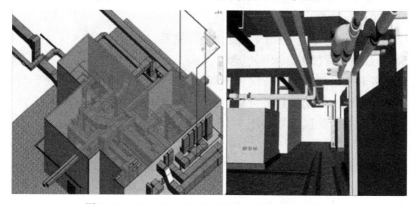

图 7-13　PLA-B3-A13 空调机房 3D 深化设计模型

图 7-14　PLA-B3-A13 空调机房的 3D 安装演示

7.3　宏观 4D 施工管理

以排水系统为例，针对传统的 4D 系统在机电安装宏观模拟与管理中的不足，通过系统二次开发进行完善，探索机电安装工程 4D 施工模拟和动态管理技术。建立的排水系统宏观进度计划，可作为模板辅助工程师制订各专业的进度计划，为进度计划库和 4D 施工管理奠定基础。同时，也为实现排水系统 4D 模拟与管理、为排水系统施工方案模拟和优化提供可视化平台与方法。

1. 进度计划整理

为制定标准格式的宏观进度计划模板，便于整理其他系统的宏观进度计划，本项目对宏观进度计划整理提出以下规定：

（1）WBS 按机电系统、机电子系统、分区、分层、施工段、工序进行划分建立树状结构。

（2）施工段划分可根据实际情况划分，如排水系统按照构件类型划分为排污水泵、重力排水管道、压力排水管道。

（3）由于机电系统分区特性较为明显，WBS 结构中先分区、再分层。

（4）WBS 中每个节点必须包括开始时间、结束时间、工期等时间信息以及工作任务、注意事项、负责单位等信息。

（5）WBS 中必须设置好任务间的紧前、紧后关系。

（6）WBS 节点的前置任务如果不包含在当前 WBS 中，需要添加这些前置任务的虚拟节点，并标明任务名称、要求结束时间、所属系统、负责单位等信息，便于与其他系统进度计划进行集成，以及支持前置任务分析。

最终形成的排水系统进度计划如图 7-15 所示。

2. 施工过程模拟

基于建立的排水系统 4D 模型，可进行排水系统施工过程模拟，如图 1-17、图 7-16 所示。模拟过程包括集水坑土建施工、水泵基础施工、集水坑防水施工、排水沟清理、井盖施工、泵安装、管道安装等工序。用颜色表示不同的工序：红色表示安装工序，橙色表示

任务名称	开始时间	完成时间	前置任务	负责单位	注意事项	2009年10月 / 2009年11月 / 2009年12月
建筑给水排水及采暖工程	2009年10月14日	2012年11月30日			在各种用水的系统调试之前完成，包括：空调水系统调试、卫生洁具调试、消火栓	
室内排水系统	2009年10月14日	2012年11月30日				
B3室内排水系统	2009年10月14日	2009年12月29日				
B3A区室内排水系统	2009年10月14日	2009年12月29日				
前置任务	2009年10月14日	2009年10月14日				
墙体砌筑完毕	2009年10月14日	2009年10月14日		土建总承包		
放线完毕（土建）	2009年10月14日	2009年10月14日		土建总承包		
管线密集区域深化设计完毕	2009年10月14日	2009年10月14日		给排水总承包		
墙面抹灰完成	2009年10月14日	2009年10月14日		装修总承包		
回填土完成	2009年10月14日	2009年10月14日		土建总承包		
排水沟清理干净、沟盖板覆盖完	2009年10月14日	2009年10月14日		土建总承包		
集水坑防水施工完毕	2009年10月14日	2009年10月14日		土建总承包		
井盖覆盖完毕	2009年10月14日	2009年10月14日		土建总承包		
水泵基础施工完毕	2009年10月14日	2009年10月14日		土建总承包		
排水管道到货	2009年10月14日	2009年10月14日				
B3A区室内排水系统施工	2009年10月15日	2009年12月29日	6,7,8,9	给排水总承包		
排水管道干支管安装	2009年10月15日	2009年12月12日	10	给排水总承包	本层卫生间出来的排水管道应在土建回填土时	
排水管道闭水试验	2009年12月13日	2009年12月19日	17	给排水总承包		
排水管道通球试验	2009年12月20日	2009年12月26日	18	给排水总承包		
压力排水管道安装	2009年10月15日	2009年12月12日 17FF+1 工作日		给排水总承包	本层空间内压力排水管道应在重力排水管道安	
压力排水管道强度严密性试验	2009年12月15日	2009年12月19日	20	给排水总承包		
潜污泵安装	2009年10月15日	2009年11月3日	11,12,13,14	给排水总承包		
机房内排水泵安装	2009年10月15日	2009年10月21日		给排水总承包		
电梯排水泵安装	2009年10月22日	2009年10月27日	23	给排水总承包		
卫生间排水泵安装	2009年10月27日	2009年11月3日	24	给排水总承包		
水泵控制箱柜安装及液位控	2009年10月15日	2009年11月3日		电气总承包		
压力水系统通水及单系统运行	2009年12月26日	2009年12月29日	21,22	给排水总承包		
排水管道通水试验	2009年12月26日	2009年12月29日	27,19	给排水总承包		
B2室内排水系统	2009年12月29日	2010年3月16日				
B2A区室内排水系统	2009年12月29日	2010年3月16日	4			
B2B区室内排水系统	2009年12月30日	2010年3月16日		给排水总承包		
B2C区室内排水系统	2009年12月30日	2010年3月16日		给排水总承包		
B2F区室内排水系统	2009年12月30日	2010年3月16日		给排水总承包		
B2E区室内排水系统	2009年12月30日	2010年3月16日		给排水总承包		
B2G区室内排水系统	2009年12月30日	2010年3月16日		给排水总承包		
B2H区室内排水系统	2009年12月30日	2010年3月16日		给排水总承包		

图 7-15　排水系统进度计划

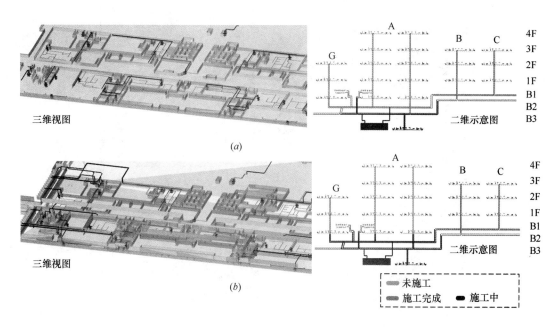

图 7-16　宏观模拟与系统示意图模拟相结合

（a）B3 A 区排水管道施工；（b）B2 A 区排水管道施工

严密性试验，蓝色表示通水试验，绿色表示施工完成。模拟过程中建筑模型只作为参照，因此在地下三层排水系统模拟时，地下二层及其上各层建筑模型自动隐藏，以免影响排水性的展示。通过 4D 施工过程模拟，清晰地展示了排水系统的施工过程和各个时期的施工进展情况，可视化地体现了各种类型管道和排污泵等设备的施工工序。例如，重力排水施工先于压力排水管道施工，主要是考虑到重力排水管道会有5%的倾斜，空间要求的优先级较高，因此先施工。

3.4D 进度管理

通过4D模型中计划进度与实际进度的对比，可以分析当前工作的进展状况，了解滞后的任务，并有针对性地进行进度控制，如图7-17所示。也可用图形表现进度进展状况，如图7-18所示，绿色表示提前完成，蓝色表示按时完成，黄色表示滞后完成。该方式可让用户一目了然地了解整体工作进展状况，快速掌握进度滞后的区域，实现重点的进度监控。使用者也可查询任意选中施工单元的所有前置任务及其是否完成、计划开始时间、计划结束时间、负责单位和注意事项等信息。图7-19展示的是对排水系统管道施工任务的前置任务分析。并可按负责单位对前置任务过滤以及导出Excel报表，辅助施工方与其他单位交流，如图7-20所示。

进度变更分析功能可以帮助用户分析当某一任务延后后，对其他任务或整体进度的影响情况。图7-21展示的是压力排水管道严密性试验滞后一天对其他任务的影响情况，可见会导致重力排水管道严密性试验滞后完成，从而导致B3排水系统安装总体滞后。

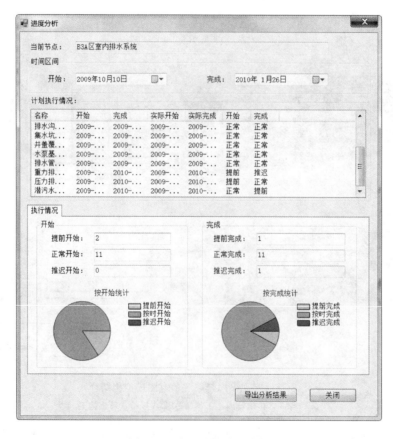

图 7-17　施工进度对比分析

126

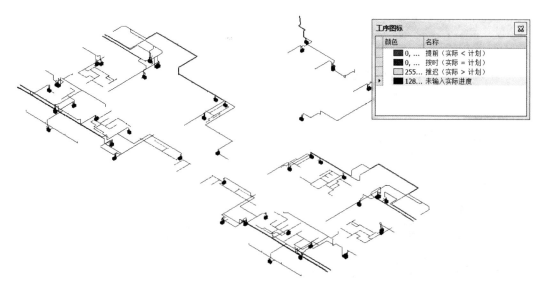

图 7-18　图形化施工进度分析

图 7-19　前置任务分析

前置任务列表(土建总承包)

当前任务节点名称:		排水管道干支管安装　；　排水管道闭水试验　；　排水管道通球试验　；　排			
名称	是否完成	计划开始	计划结束	负责单位	注意事项
回填土完成	否	2009/10/10	2009/10/10	土建总承包	
墙体砌筑完毕	否	2009/10/10	2009/10/10	土建总承包	
墙面抹灰完成	否	2009/10/10	2009/10/10	土建总承包	
水泵基础施工完毕	否	2009/10/11	2009/10/11	土建总承包	

图 7-20 导出前置任务

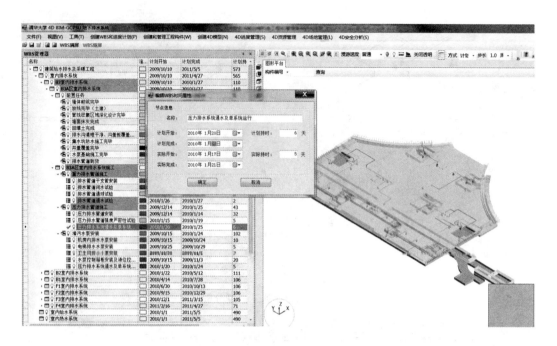

图 7-21　施工进度的变更分析

7.4　微观 4D 施工管理

7.4.1　值机岛的模拟与管理

为满足旅客的值机需求，值机岛中集中了电气、弱电、通风、空调、消防和通信等 10 多个专业的机电系统，涉及 5 个以上不同施工单位，因此实际施工中面临各单位交叉作业、施工空间有限、成品保护和工期紧张等挑战，且各部门难以协调一致建立一个合理的施工进度计划。本研究应用 4D-BIM 系统直观形象地展示施工过程，为各部门提供协作、交流的平台，辅助施工方案优化以及进度管理。通过 4D 模拟形成可行的整体进度计划和 4D 模型，用于指导所有值机岛的施工。

基于建立的 4D 模型，可对值机岛进行施工过程模拟，如图 1-18 所示。由于各个机场航站楼值机岛都十分相似，本工程中的值机岛模型也可用于指导国内其他航站楼的值机岛施工，具有一定的推广价值。

基于 4D 模型，可进行进度对比分析，获取工程实际进展情况。图 7-22 展示了当"吊顶安装"滞后，对其他任务的影响情况，分析发现：该滞后对烟感设备的安装和地板的安装有影响，但不会影响总工期。图 7-23 展示了地板安装任务的所有前置任务，可辅助装修总包了解综合布线、称重台安装等工作完成情况，避免窝工、返工等问题发生。系统还可以将任意一天需要完成的工作，及其前置任务完成情况等信息导出到 Excel 报表，用于各参与方之间的交流，图 7-24 展示了 2011 年 6 月 26 日 4D 进度的 Excel 报表。

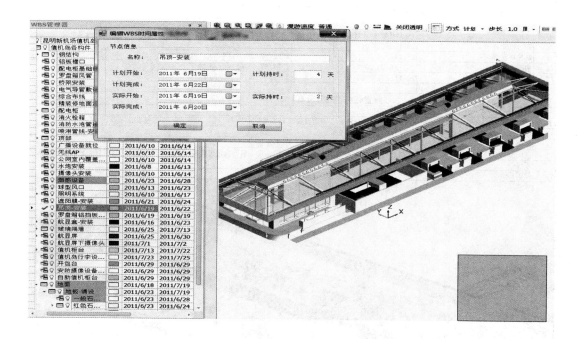

图 7-22　进度变更分析

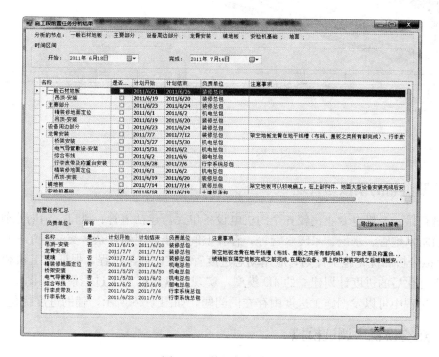

图 7-23　前置任务分析

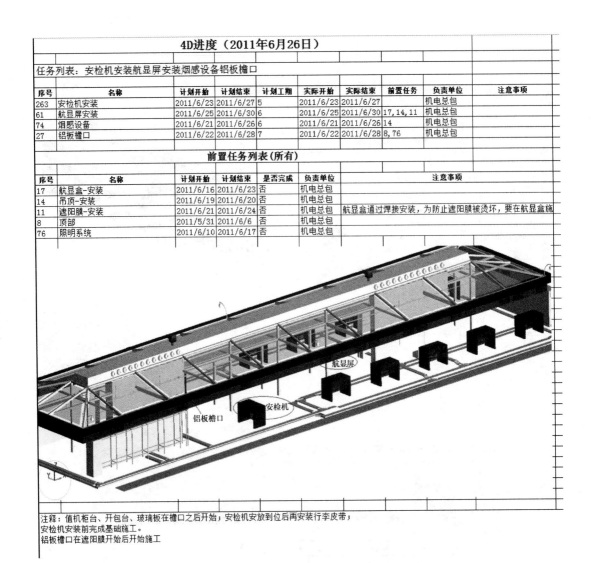

4D进度（2011年6月26日）								
任务列表：安检机安装航显屏安装烟感设备铝板檐口								
序号	名称	计划开始	计划结束	计划工期	实际开始	实际结束	前置任务	负责单位	注意事项
263	安检机安装	2011/6/23	2011/6/27	5	2011/6/23	2011/6/27		机电总包	
61	航显屏安装	2011/6/25	2011/6/30	6	2011/6/25	2011/6/30	17,14,11	机电总包	
74	烟感设备	2011/6/21	2011/6/26	6	2011/6/21	2011/6/26	14	机电总包	
27	铝板檐口	2011/6/22	2011/6/28	7	2011/6/22	2011/6/28	8,76	机电总包	
前置任务列表(所有)								
序号	名称	计划开始	计划结束	是否完成	负责单位	注意事项		
17	航显盒-安装	2011/6/16	2011/6/23	否	机电总包			
14	吊顶-安装	2011/6/19	2011/6/20	否	机电总包			
11	遮阳膜-安装	2011/6/21	2011/6/24	否	机电总包	航显盒通过焊接安装,为防止遮阳膜被烫坏,要在航显盒施		
8	顶部	2011/5/31	2011/6/6	否	机电总包			
76	照明系统	2011/6/10	2011/6/17	否	机电总包			

注释：值机柜台、开包台、玻璃板在檐口之后开始；安检机安放到位后再安装行李皮带；
安检机安装前完成基础施工。
铝板檐口在遮阳膜开始后开始施工

图 7-24　导出 4D 进度状态

7.4.2　罗盘箱的模拟与管理

罗盘箱是一个机电专业比较齐全的机电设备单元，包括风管、风口、消防水管、消火栓箱、消防水炮管、水炮、采暖水管等，存在空间狭窄、工序复杂、交叉施工等问题，通过 4D 模拟分析和优化施工计划，应用动态进度管理控制施工过程，保证施工顺利完成。

基于优化后的进度计划建立的 4D 模型，实现罗盘箱的施工过程模拟如图 7-25 所示。并在模拟过程中可以发掘施工进度中存在的问题，如图 7-26 所示，辅助进度优化。

7.4.3　热交换机房调试模拟

热交换机房包括一次冷冻水系统、一次热水系统、空调热水系统、常年制冷水系统以及生活热水系统等多套系统，且包含集水器、压力泵、换热器等设备，以及阀门、压力表、软接头、过滤器等配件。由于热交换机房包含多个复杂的机电系统，其调试过程十分

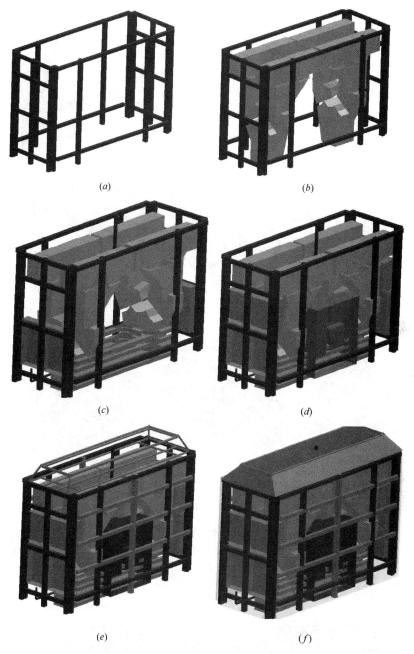

图 7-25　罗盘箱施工过程模拟

（a）主体框架施工；（b）风管施工；（c）桥架、配电、水管柜施工；（d）隔离箱施工；

（e）次龙骨施工；（f）外铝板、栅格等的施工

复杂，因此本研究应用 4D 技术和系统模拟机房中一次冷冻水、一次热水等系统的工作原理，用于指导机房调试工作，且可辅助热交换机房工作人员培训。

通过调研，建立了各大系统的详细调试进度计划，并建立进度计划与管道和设备的关联关系，用于模拟调试过程。模拟中，用颜色表示管道中是否通水，阀门是否打开等状态。图 7-27 展示了一次冷水系统的调试过程。

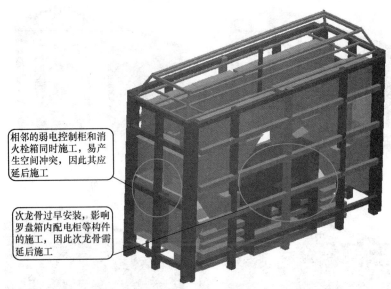

相邻的弱电控制柜和消火栓箱同时施工，易产生空间冲突，因此其应延后施工

次龙骨过早安装，影响罗盘箱内配电柜等构件的施工，因此次龙骨需延后施工

图 7-26　通过施工模拟发现罗盘箱进度计划的问题

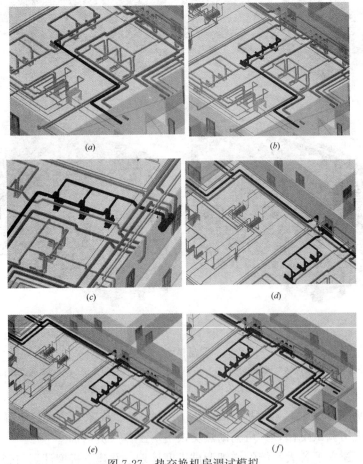

图 7-27　热交换机房调试模拟

(*a*) 一次冷水进入；(*b*) 压力泵给一次冷水加压；(*c*) 一次冷水进入分水器；(*d*) 一次冷水输送到各个空调机房；(*e*) 空调机房常温水进入集水器；(*f*) 常温水送至能源中心

第8章 基于 BIM 的机场航站楼运维信息管理系统

8.1 系统概述

基于 BIM 的昆明新机场航站楼运维信息管理系统是以 BIM 技术为核心技术思想进行设计和开发的 B/S 架构综合信息平台。系统结合机电设备安装过程中的各类信息，结合 GIS 可视化表现技术，创建机电设备系统的多维信息，包括机电设备的空间位置、几何模型、规格型号、技术指标、设备供应商、安装进度、质量以及运行状态等信息。

通过有效组织航站楼设计、施工过程中的各类资料，结合航站楼机电设备运营管理的特点，开发了基于 BIM 的航站楼运维信息管理系统。系统共包含：物业信息管理、机电信息管理、流程信息管理、库存信息管理、报修与维护、系统管理六大子系统模块（见图 8-1）。

图 8-1 昆明新机场航站楼运维管理系统主界面

系统具有以下特点：

（1）通过建立运维信息管理系统，有效地提升机电设备的管理水平，降低管理成本，保障机电设备系统安全运行。

（2）通过开发机电设备安装、运行管理与技术支撑平台，实现建设和运营信息共享和有机衔接。

（3）建立了基于 BIM 的机场设备全信息数据库。

（4）研究实现了机场设备安装、运行场地的 GIS 信息创建及可视化表现。

（5）研究实现了按照区域或功能进行机电设备信息的分类和存储方法。

（6）创建了机电设备系统的多维信息，包括机电设备的空间位置、几何模型、规格型号、技术指标、设备供应商、安装进度、质量以及运行状态等信息。

（7）研究管理和维护设备安装及运行数据，建立了各设备之间的关联关系。

（8）研发了基于 B/S 结构的机电设备全信息数据库及其管理系统，通过地理位置等信息快捷、方便地检索信息。

8.1.1 系统结构

针对昆明新机场机电设备运行管理的实际需求，将 BIM 和 GIS 技术应用于机场机电设备运行管理中，通过系统的技术开发实现机场航站楼机电设备运营管理智能化，实现机电设备运行的全过程信息支持、多维信息管理以及动态的实时信息查询，为机电设备运行及管理提供科学的信息化管理手段。通过使用系统可以极大提高工作效率和管理水平，达到保证工期，节省资源，降低成本的目的，具有很大的社会、经济效益。昆明新机场航站楼机电设备信息管理系统总体结构如图 8-2 所示。

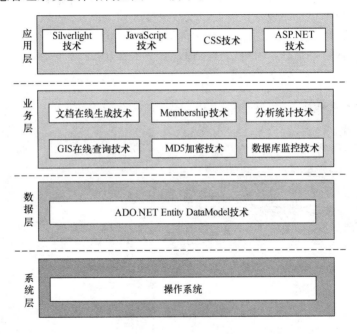

图 8-2　昆明新机场航站楼机电设备信息管理系统架构

1. Silverlight

使用基于 XML 的 XAML 语言，用于表现层的图形化展示。

2. ADO. NET Entity DataModel

是功能更加强大的关系数据映射组件，将数据结构抽象化为更易于开展业务的方式。使用内建的缓存机制，提高数据访问速度。

3. ASP. NET

微软的 Web 开发框架，通过允许编译的代码，提供了更强的性能。

4. JavaScript

因特网上最流行的脚本语言，并且可在所有主要的浏览器中运行，提供丰富的用户体验。

5. CSS

允许同时控制多重页面的样式和布局，CSS可以称得上WEB设计领域的一个突破。

8.1.2 系统运行环境

1. 系统硬件配置要求

服务器平台推荐硬件配置：

CPU：4核，≥3.0GHz，2颗。

内存：FB-DIMM≥4GB支持四位纠错、内存镜像、在线备份。

硬盘：SAS 146GB×2，≥10000转。

安装Windows Server2008系统。

2. 系统软件配置要求

（1）服务器平台软件配置要求

数据库：SQL Server2008。

操作系统：Windows Server2008。

（2）客户端软件环境要求

操作系统：Windows XP sp3＋。

其他软件：Windows Internet Explorer 7.0及以上，Microsoft SilverLight4.0及以上。

8.2 航站楼运维信息管理系统的研制

8.2.1 BIM和GIS数据集成技术架构

在运维阶段，建筑设备的运营维护需要大量信息的支持，而传统的建筑信息主要基于纸质文档和图档进行存储，因此需要从海量纸质的图纸和文档中寻找所需的信息，效率低下，已经难以满足航站楼、火车站等大型公共建筑的管理需求。应用BIM可实现结构化的建筑信息存储，方便用户快速地获取所需信息，辅助运维管理者制订运维计划。基于BIM和3D技术，可为运维管理者提供三维可视化的虚拟环境；不过3D平台难以直观展现大型复杂MEP系统的逻辑结构和整体布局，且大量的3D模型将导致系统运行效率低，不利于实现宏观的MEP运维管理。因此通过引入GIS技术，提出基于BIM和GIS的机电信息管理技术，实现宏观的MEP运维和信息管理，支持基于GIS的MEP逻辑结构展现和巡检路径规划等功能。但对于机房、管廊和走廊顶部等管道集中局部，GIS平台提供的2D平面难以满足实际需求，仍需3D运维管理系统支持。

应用BIM服务器和分阶段递进式建模方法，实现设计和施工阶段建立的信息向运维阶段的无损传递，支持基于GIS的MEP系统逻辑结构查询，MEP运行设备状态分析以及巡检路径规划等功能。但由于GIS和BIM数据在结构上存在较大差异，且转化技术不成熟，因此为高效地共享施工阶段建立的机电设备BIM模型，需研究BIM数据转化为GIS数据的方法。GIS数据主要包括地图和属性两类数据，其中地图数据是特定格式的，属性数据则是开放的（如采用关系数据库存储），地图和属性数据之间通过唯一标识进行关联。因此 GIS 平台的地图数据需要从 BIM 中转化获得，而属性数据可直接从 BIM 服务器中提取。图 8-3 所示为从已建立的机电设备 BIM 模型中提取建筑平面图作为 GIS 所需的基础地图信息，为 MEP 系统空间布局展示提供参考；提取房间和机电系统设备的 2D 几何模型导入 GIS 形成房间和机电系统的 GIS 模型。考虑到运维管理中，建筑平面图、房间以及机电设备几何模型基本不变，因此图形信息只需从 BIM 向 GIS 平台单向转化。

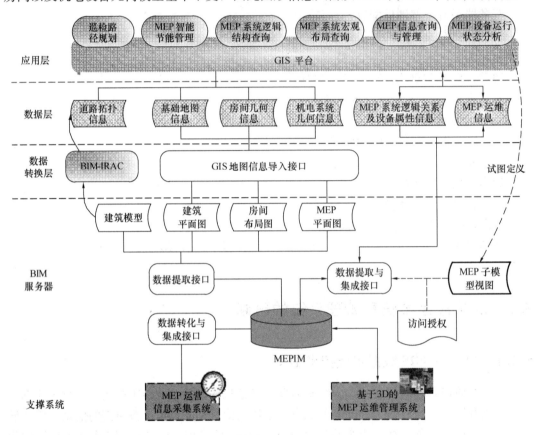

图 8-3 BIM 和 GIS 数据集成技术架构

8.2.2 航站楼物业信息管理研究

物业信息管理主要是对航站楼中的房间、柜台、合同、钥匙等信息进行管理。通过调研和初步的系统应用发现，物业信息管理面临的问题包括以下几个方面：

（1）机场正式开始运营前：需要对机场中的房间、柜台等进行分配。通常都是由人工进行房间的分配、数据的核对。由于房间数量多，导致产生大量数据表，每次修改和核对都需要调整很多张的数据表，这就需要很多工作人员来进行这项工作的核对和数据的调整、校核，工作效率很大程度上受到了影响。

（2）在机场正式开始运营后：房间和商铺等的调整，包括房间格局的更改等数据，都需要工作人员来对多张数据表进行维护。工作人员的频繁更换，也可能导致数据的遗漏或者记录错误等，就可能导致物业的信息不正确，影响后续的工作。

8.2.3 航站楼机电信息管理研究

机电信息管理主要是指对机电安装的信息管理。如图 8-4 所示，机电安装工程量大，而且涉及的专业很多，管线布置比较繁琐。在运营期间，当机电管线出现问题时，维修工人由于对管道布线不清楚，不能及时作出正确的判断，导致很多小的问题都需要花费很多时间去寻找施工期间的施工图纸、设计说明等资料，不能及时解决，这样就可能会对机场的正常运营造成一定的影响。

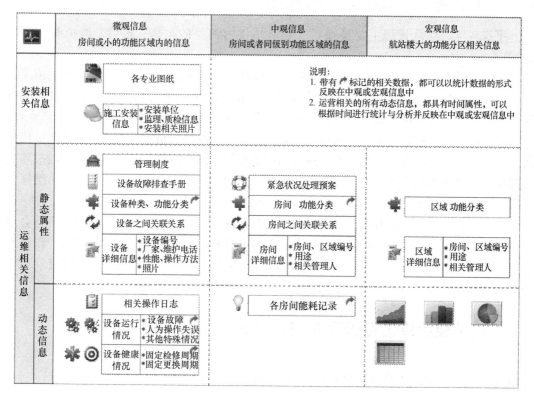

图 8-4　机电安装与运维图

8.2.4 航站楼流程信息管理研究

流程信息管理主要是指对航站楼内的路径信息的管理，以及如何帮助旅客和员工能在航站楼内更快、更方便地查找到到达目的地的信息管理。

通过调研和初步的系统应用发现，流程信息管理会包括以下几个方面的情况：

（1）旅客登机时：一位旅客在值机岛办完值机后，会面临应该如何到达登机口，以及值机岛与登机口的距离信息、人的正常步伐可能需要的时间信息、自己的登机时间是否充足等问题。

（2）员工审查特定流程：针对一些特定的流程（如国内出发、国际出发、国内到达、中转），机场要确定每一种流程所走的路径是否合理。通常情况需要机场员工到现场将每一种流程都走一遍，这样不仅需要大量的时间，还有可能会有漏洞。

8.2.5　航站楼库存信息管理研究

库存信息管理主要是对机场航站楼内所有的仓库及仓库内存储货物进行管理。通过调研和初步的系统应用发现，机场内的仓库数量比较多，而且仓库内储存物品种类和数量繁多。当急需一个物品时，需要知道哪些仓库存放着这些物品，剩余数量是否满足使用需求，是否需要从其他仓库进行调拨等问题。

8.2.6　航站楼报修与维护信息管理研究

报修与维护信息管理主要是指对机场航站楼内相关的报修、投诉、维护等信息的管理。

通过调研和初步的系统应用发现，报修与维护信息管理会包括以下几个方面的情况：

（1）报修与处理：在日常巡检中发现问题、接到相关其他部门人员反馈（口头或电话）时，需要记录报修信息；每日执勤的维修负责人，需要对报修的信息进行详情查看，对有疑问的地方通过联系报修人进行核实，核实后指定维修人员进行维修；维修人员接到维修命令后，带维修单到故障地点，进行相应的维修工作，维修完成（故障排除或故障无法排除，需要更换设备等，但完成了维修的工作），填写相关的记录，待完成后的维修信息反馈给相关负责人。

（2）投诉与处理：旅客在机场时对机场的各种硬件设施、服务态度、业务流程等会提出一些使用建议或者不满意的地方（比如，旅客在候机时，发现候机室的饮水机中没有水等）；航站楼中负责意见投诉的工作人员需要对投诉信息进行核实、确认，同时可能需要专人进行跟踪处理或直接进行电话确认完成。

8.3　航站楼运维信息管理系统应用实践

8.3.1　基于 BIM 生成 GIS 所需的地图和路径信息

应用 BIM 和 GIS 技术可直接采用施工阶段建立的 BIM 模型，获得航站楼机电运维管理所需的房间布局、机电系统布局及逻辑关系、机电性能参数等信息，生成 GIS 所需的 2D 图形信息，支持机电系统逻辑结构查询等功能，如图 1-19 所示。并应用 BIM-GIRM 方法建立室内路径，支持巡检路径规划等应用。然后用户根据运维需求定义资产及其关联 MEP 构件，并自动导入或输入资产性能需求等参数，支持以资产为基本对象的运维管理。

8.3.2　航站楼物业信息管理应用

在系统中可以很方便地对房间、柜台、商铺等的分配和物业数据进行维护，而且可以根据用户的不同需求进行各种数据的统计和分析，并且支持导出相关信息为 Excel 表，方便用户进行各种文档存档等工作。

在系统中用地图显示整个机场的情况，使用户能够直观地了解机场的整体布局是否合理，房间的使用和分配是否满足旅客的需求，通过各种数据的统计和分析以及结合地图的展示，可以为机场的整体运营提供更好的支持，具体如图 1-20 所示。

8.3.3 航站楼机电信息管理应用

机电信息管理系统可以把各个专业的管道布线信息以非常直观地在地图中显示出来，而且对各专业的上、下级逻辑关系都能清楚地展现出来，这样就能方便地让维修工人快速、方便地查看到整个机电的逻辑关系和管道布线，及时作出正确的判断，给机场的正常运营提供辅助工具。

在运营过程中，可能会出现某个配电间出现故障，需要在这个配电间的上级进行断电，这时就必须知道这个配电间的上级是谁，并且需要知道断电会对哪些区域或者设备有影响，会不会影响机场的正常运营，甚至在维修过程中有可能需要知道从配电间上级到配电间的桥架走向。

在系统中，不仅可以查找到各级别的上、下级关系，还能直观地看到相互之间的桥架走向，帮助用户更快、更好地了解整个电气干线的走向及逻辑关系。具体如图 1-21 所示。

另外，将 MEP 设备的动态检测数据附加到相应 BIM 模型中，通过对比设备各性能参数的实际值与设计值，可分析各 MEP 系统的运行状态，支持维护决策。如对比空调水系统管道水压的检测值 P_s 和设计值 P_d，辅助维修决策：

（1）如果 $0.9P_d < P_s < 1.1P_d$，则认为正常，不处理；

（2）如果 $P_s \geqslant 1.1P_d$ 或 $0.9P_d \geqslant P_s$，则提醒管理人员进行对管道和上游的加压泵等设备进行检测和维修。

实现基于 BIM 的运维管理信息化，支持 MEP 系统的整体性能等功能。例如，如果一定期间内，该管道经常水压不正常，且多次维修后效果不佳，则需要分析该类型管道是否合格。

8.3.4 航站楼流程信息管理应用

在系统中输入旅客所在位置及登机口编号，就能查询出这位旅客从值机岛到登机口的路径信息，及值机岛与登机口的距离信息和人的正常步伐可能需要的时间信息，这样旅客就能根据这些信息判断出自己的登机时间是否充足等，如图 1-22 所示。

从图 8-5 可以看出，根据航站楼的航班信息可知凌晨 24 点以后只有红色标出的路径有人流，因此可只开启该路径附近走廊、候机厅等空间的照明、空调设备和热水供应等，从而实现智能建筑节能。

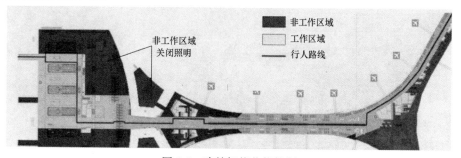

图 8-5　建筑智能节能控制

8.3.5　航站楼报修与维护信息管理应用

在系统中可以很容易的查看最近 3 个月时间内报修的总体数量，如查看最近 3 个月维修组维修人员接单数量的比较。图 1-23 所示为月度报修信息统计，通过该功能可获知报修单整体的完成情况、无须维修、正在维修中的各自百分比等。

第四篇 英特宜家购物中心篇

北京英特宜家购物中心是一座总建筑面积达 51 万 m² 的大型公共建筑，该工程具有工程量大、工期紧、质量标准严、国际化程度高等特点。为确保高效、优质、精益地实现工程的建造任务，我们在已有的 4D 和项目管理系统的基础上，实现了 4D 施工管理和项目综合管理数据的双向集成。通过实际应用表明，BIM 和 4D 技术实现了项目各参与方之间的信息共享，可大幅减少工程设计中的错误，并有效辅助工程施工过程模拟及动态施工管理，可显著提升施工效率和管理水平，并可为相关决策提供有力支持。

第9章 北京英特宜家购物中心
工程 BIM 集成应用实践

9.1 应用概况

9.1.1 工程概况

北京英特宜家购物中心大兴项目二期工程（以下简称"英特宜家购物中心工程"）是由英特宜家购物中心集团投资的，集百货、超市、时尚、家电、运动、餐饮、娱乐影院等全方位消费功能为一体的超级购物中心。本工程位于北京市大兴区西红门镇，东侧与北京地铁四号线西红门站相邻，总占地面积约 17.2 万 m²，单层面积达 9 万 m²，总建筑面积约 51 万 m²，地上结构分为 7 个独立的建筑，工程整体 3 层、局部 4 层，楼与楼之间通过 58 个钢连桥连接，工程整体效果图如图 9-1 所示。

图 9-1 英特宜家购物中心工程整体效果图

9.1.2 工程的特点与难点

1. 工程建设意义重大

英特宜家购物中心工程为国际化程度高的特大型综合商业建筑，工程规模庞大，对改善周边环境、提升区域地产品质具有重要作用；且为外商直接投资项目，备受各级领导关注。

2. 施工场地狭小

本工程地处规划商业区，拟建建筑物东侧临近地铁 4 号线大兴延长线，西北侧与开工兴建的宜家购物中心一期工程相连，南侧、北侧紧贴规划路，沿建筑红线的围墙已建成。地下结构基坑开挖后，西侧基坑一部分与一期工程连通、其余部分紧贴围墙，其中西南角最近部位距离围墙仅 2.8m，最远部位也仅有 8m；东侧基坑在东北角紧贴已建成的西红门地铁站出入口，其余部位距离围墙最近为 8m，最远为 16m；南侧基坑距离围墙约 20m，北侧基坑距离围墙约 11.4m，局部只有 6m。材料运输和存放场地均十分狭窄。

另外，由于本工程的基坑深度较大，为确保支护结构安全，地下结构施工阶段，其施工道路和材料存放场地均须保证距离基坑顶有一定的安全距离且对行走荷载有一定的限制，这给本来狭窄的场地又增加了一定的难度。

此外，根据分析，结构施工高峰期日均进场混凝土罐车将到 220 车次、其他施工车辆 100 车次，现场交通流量大，需合理进行场内外交通策划，确保现场安全有序、高效施工。

3. 资源投入量巨大

本工程施工期间需要混凝土约 36 万 m^3，钢筋约 6 万 t，钢管约 1.5 万 t，碗扣架等约 3.5 万 t，模板约 51 万 m^2 等材料；还需组织 11 台大型塔吊及 7 台施工电梯等施工机械设备；此外，结构施工高峰期需组织 6000 多人劳动力。如何在短时间内组织上述资源及时进场是保证工程顺利施工的关键。

4. 专业分包多、专业工序交叉作业多

本工程专业种类齐全，施工过程中还将陆续引入幕墙、机电设备、主力租户等专业和单位进场施工，各专业工程之间的穿插协作频繁，总分包管理协调量大，特别是采光天窗钢构件加工制作、幕墙施工、二次精装施工、弱电安装等分包商对整个工程施工质量的成败起着极为关键的作用。因此，要求施工单位必须具有很强的大型同类工程总包协调管理能力。

5. 安全作业标准高

工程工期紧，同时施工面积大，资源投入量大，施工全过程均处于抢工状态，专业分包工程多、交叉作业多，安全管理点多面广，管理难度大。

同时，本工程安全管理按照国际标准进行，对所有进场机械设备、人员要求严格，对安全防护标准要求高。

6. 邻近地铁施工

英特宜家购物中心工程东北侧与北京地铁四号线西红门地铁站 A 出入口邻近，拟建工程基坑支护的护坡桩与地铁站 A 口西侧柱下独立基础之间距离不到 20cm，按照《北京市城市轨道交通安全运营管理办法》的规定，邻近地铁口部位的施工位于城市轨道交通控制保护区内，需编制相应的安全防护方案，并由北京市交通委路政局组织专家进行地铁口安全的论证。

邻近地铁口位置施工关键是基坑施工阶段变形的控制及结构施工过程中对地铁口的安全防护，除进行基坑支护的专项设计外，还需进行现有地铁出入口的安全性评估以及由地铁运营管理方确认的第三方监测，采取可靠的安全防护措施，确保地铁口的安全运营。

9.1.3 BIM 应用实施方案

结合英特宜家购物中心工程的项目特点和工程总承包管理的需求，我们建立起集

BIM 建模及深化设计、4D 施工动态管理、基于 BIM 的项目综合管理 3 部分内容的 BIM
集成应用方案，如图 1-24 所示。

1. BIM 建模及深化设计

根据英特宜家购物中心工程的实际需求，使用 Autodesk® Revit 系列软件创建工程的
BIM 模型。建模工作分成两个阶段，第一阶段为建筑、结构，第二阶段为机电安装。
BIM 建模工作范围具体如下：

（1）建筑、结构专业：包含建筑专业和结构专业的施工图设计中的主体混凝土结构、
钢结构、幕墙、门窗等，不含装饰装修、建筑设计相关家具、洁具、照明用具等。

（2）机电安装专业：包含综合布线、暖通、给水排水、消防的主要管线、阀门等，不
含末端细小管线、机电设备详细模型。

（3）建模更新：根据当前甲方提供图纸进行一次性集中建模，在图纸变更后即对
BIM 模型进行更新。

（4）模型属性录入：根据甲方提供的资料录入 BIM 构件的基本信息，如编号、尺寸、
材料等。除此之外的构件细节信息、装修信息、屋内设施等信息录入不包含在工作范
围中。

与 4D 施工管理系统相关的 BIM 模型建模前需要事先分析工程施工组织计划、施工段
划分、结构、建筑、设备管道的相应详细施工进度计划，同时考虑 Revit 系列软件建模特
点以及 4D 系统数据接口要求，有针对性的进行模型的划分。模型划分遵循以下原则：

（1）按照建筑楼层进行划分，每一楼层保存为一组 Revit 模型文件。

（2）各楼层模型按照内容类型进行细分，按建筑、结构、给水排水、消防、暖通、综
合布线 6 个类别将同楼层 Revit 模型文件共同组成一组楼层模型文件。

（3）依据具体需要，将每层中的结构构件、建筑构件按设计归并分组，进行相应的族
设定。

（4）如施工组织方案中明确流水段的划分，可将结构和建筑模型依据流水段进一步
划分。

2. 基于 BIM 的 4D 施工动态管理系统

根据英特宜家购物中心工程的施工特点和实际需求，在已有的 BIM 技术研究成果和
"建筑工程 4D 施工管理系统（4D-GCPSU）"的基础上，定制开发"基于 BIM 的英特宜家
购物中心工程 4D 施工管理系统"，该系统可提供以下功能：

（1）基于 BIM 的 4D 施工集成动态管理功能：提供基于网络环境的 4D 施工进度管
理、4D 资源动态管理和 4D 施工场地管理，实现施工进度、质量、资源和场地的集成动
态管理。

（2）施工过程的 4D 可视化模拟功能：实现工程项目整个施工过程的 4D 可视化模拟。
具有三维漫游功能，可以直观地考察建筑、结构和管线的设计结果。

将"基于 BIM 的英特宜家购物中心工程 4D 施工管理系统"应用于施工管理中，实现
以下应用目标：

（1）4D 施工管理：根据施工计划和方案，完成项目 WBS、进度计划、资源管理、施
工场地布置的相关数据录入，基于 BIM 生成 4D 施工信息模型。实现英特宜家购物中心工
程的 4D 施工集成动态管理，包括施工进度、资源、场地的 4D 动态管理以及工程信息实

时查询。

（2）4D 施工过程可视化模拟：结合施工方案，实现项目施工全过程的 4D 可视化模拟。

（3）完成工程基础数据筛选、调用：将设计、施工信息以数字形式保存在数据库中，便于更新和共享。

（4）对本工程的 BIM 体系应用到其他大型项目提供技术参考。

3. 基于 BIM 的项目综合管理系统

根据英特宜家购物中心工程实际需求，开发基于 B/S 架构的项目综合管理系统，并将系统数据与 4D 施工管理系统共享，拓展了 4D 系统的数据收集与管理渠道，充分发挥 BIM 的应用价值。本系统可提供以下功能：

（1）合同管理：进行合同归档，并将合同与 4D 系统中工程 3D 构件实现关联，实现工程单元、工程区域的合同列表查询、合同基本信息的查询。

（2）进度管理：与 4D 进度管理同步，对施工实际进度进行录入和跟踪，进行关键点的记录，设定项目任务工期的时间目标，实现超工期预警以及相关信息查询。

（3）质量管理：对设计质量、施工质量、材料质量、设备质量和影响项目生产运营的环境质量等记录、组织和管理，相关信息查询。

（4）安全管理：施工安全检查记录、管理和查询。

（5）变更管理：对工程设计变更、材料变更等情况进行记录和控制，与合同管理进行关联，实现自动的变更审核流程，实现工程单元、工程区域的变更情况查询，并查询基本的变更信息。

（6）文档及信息管理：工程技术信息、图档数据、会议记录等文档及信息的管理、查询。

（7）统计报表：按照一定条件，进行各种数据的统计，如变更统计、进度统计、支付情况统计等。

（8）事件追踪：通过设定事件流程，对工程过程中发生的安全、质量等事件进行跟踪，到达一定设定阈值将通知相关管理人员。

（9）施工方法及工艺存档：有效地整理独特的施工经验与施工方法、施工相关照片、视频等。

（10）共享与权限控制：便捷的文件共享，以及有效的权限控制。

（11）简单审批：简单的文档审批（步骤不超过 5 步，权限要求不复杂）。

9.2 BIM 模型的创建与深化设计

9.2.1 地下部分 BIM 建模

英特宜家购物中心工程的地下部分共 3 层，约 25.7 万 m²。地下部分的 BIM 建模完成了所有建筑结构、机电的 Revit 建模。建模范围包括：建筑结构体系（柱、墙、梁、板、基础）、二次结构墙、门窗、电梯、楼梯等，所有公共区域空调、排烟风管、空调水管、排水管、雨水管、给水管、电气桥架等。图 9-2 所示为利用 Revit 软件建立的英特宜家购物中心工程的地下部分 BIM 模型。

图 9-2　地下部分 BIM 模型

9.2.2　地上部分 BIM 建模

地上部分 BIM 建模主要完成了 4 层，约 25.1 万 m² 的建筑结构、二次结构、机电管线的 Revit 建模。建模范围包括：建筑结构体系（柱、墙、梁、板、基础）、二次结构墙、门窗、电梯、楼梯等，所有公共区域空调、排烟风管、空调水管、排水管、雨水管、给水管、电气桥架等。图 1-25 所示为 F2 层 BIM 模型视图。

9.2.3　4D 施工 BIM 模型的创建

4D 施工 BIM 模型主要包括构件模型、施工段信息、进度信息 3 部分内容。我们利用定制开发的 Revit 插件，可以批量设置构件的施工段信息，并可自动检查设置施工段遗漏构件，利用自定义 XML 数据文件将施工段模型信息导入到 4D 施工动态管理系统中，如图 1-26 所示。

通过 4D 施工动态管理系统的 IFC 模型导入接口，可以实现 Revit 建模模型自动导入到 4D 系统中，如图 9-3 所示。

4D 系统的进度计划导入功能支持每月计划累进式集成及更新，可以实现 4D 进度信息的动态生成，如图 9-4 所示。

9.2.4　模型碰撞检测

综合应用 4D 施工动态管理系统和 Navisworks 软件的碰撞检测功能，不仅可实现三维模型碰撞的自动检测，而且可以实现施工过程中"间隙碰撞"的检测。为优化各专业间的施工顺序、解决工作面交叉问题、提升施工精度和安装效率提供支持。在本项目中，完成了全楼的结构构件及机电管线的碰撞检测，共发现各类碰撞 5000 余处（见图 1-27），施工前对碰撞问题进行了及时解决，有效地避免了返工损失和工期延误，为业主节约大量

图 9-3　利用 4D 系统的 IFC 接口导入建筑构件模型

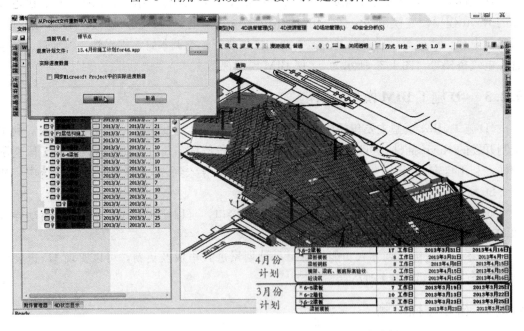

图 9-4　利用 4D 系统的进度接口导入 Project 进度计划

成本。

9.2.5　复杂节点深化设计

在本项目中共完成了 40 多个专业机房、30 多个复杂节点的精细 BIM 建模，包括：

大型风管、机电管井、支吊架、设备机房、空调机房、复杂钢柱节点等。图 9-5 为地下 1 层走廊机电管线的综合排布与支吊架设计，通过该深化设计可有效提高机电管线安装效率，提升管线排布质量。

图 9-5　机电管线的综合排布与支吊架设计

9.3　基于 BIM 的 4D 施工动态管理

9.3.1　场地布置

利用系统提供的场地管理功能，可以实现塔吊、围墙、道路、临时房屋、材料堆场等场地设施的建模与管理。图 9-6 所示为施工场地平面布置图的导入，系统通过导入 dxf 格式的二维图纸为场地设施建模提供参照。

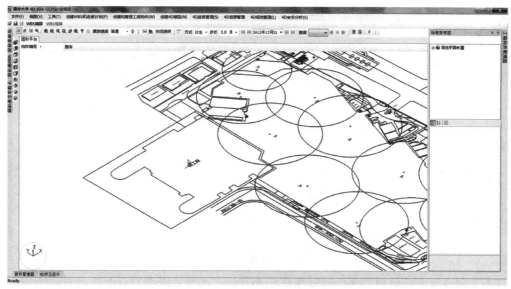

图 9-6　场地平面布置图的导入

下面以施工塔吊模型的创建为例，介绍场地设施模型的创建。图 9-7 所示为通过 4D 场地管理菜单启动塔吊布置功能，弹出设置塔吊参数对话框，见图 9-8。其中，塔吊的基本信息包括：塔吊名称、中心点位置、高度、角度、颜色，以及用于 4D 模拟的时间信息。在平面布置视图上通过选取塔吊的中心点，生成塔吊模型，如图 9-9 所示。

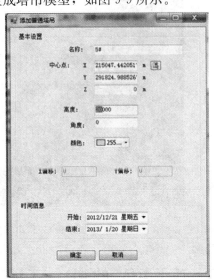

图 9-7　在功能菜单上选取塔吊布置功能　　　　　图 9-8　设置塔吊参数

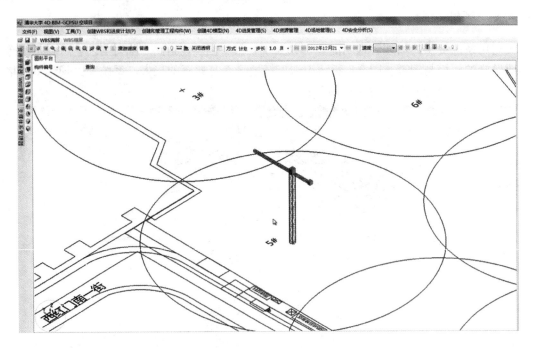

图 9-9　生成塔吊模型

本工程具有专业分包商多、时间跨度较小且施工场地有限等不利因素。通过场地布置的动态管理，减少了大量的施工场地、办公区域、材料堆场等之间矛盾，提高了现场场地的使用效率。

9.3.2 施工过程模拟

利用我们自主开发的基于 BIM 的 4D 施工动态管理系统，可实现 4D 施工过程动态管理。系统采用逐层级（专业、楼层、构件、工序四个层级）细化的方式形成进度计划，利用施工进度计划、实际进度填报信息及其与施工模型的关联，动态的显示、对比施工进度，同时，可在构件属性中查看与编辑构件各时段的状态，并可随时暂停动态显示过程，将当前状态导出供协调讨论使用。同时，通过考虑各施工工序之间的逻辑关系以及进度计划，支撑施工顺序的模拟，并对不符合施工工序逻辑关系的进度计划进行预警提示；同时，利用已有的施工工艺数据，以动态的形式展示复杂节点的施工工艺，解决复杂节点施工难以理解的问题。目前，该系统模块已经非常成熟，只需提供施工工艺逻辑数据，即可实现相应功能。

利用施工进度计划、实际进度填报信息及其与施工模型的关联，动态的显示、对比施工进度。通过设置模拟日期、时间间隔、状态、进度及方式等参数，对整个工程或选定 WBS 节点进行 4D 施工过程模拟，可以天、周、月为时间间隔，按照时间的正序或逆序模拟，可以按计划进度或实际进度模拟。图 9-10 所示为英特宜家购物中心工程 4D 施工过程模拟。

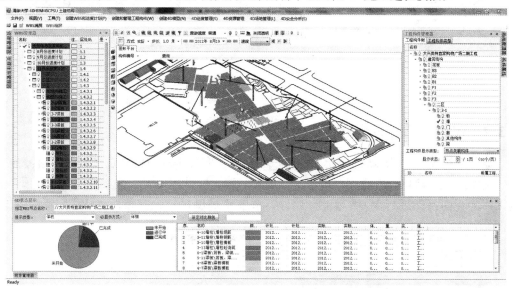

图 9-10　英特宜家购物中心工程 4D 施工过程模拟

在 4D 施工模拟过程中，在模拟界面的左下方，以饼图形式同步显示当前的工程量完成情况。图形区的正下方，以列表方式同步显示当前施工状态的详细信息，包括施工段的名称、工序及颜色、计划开工和完成时间、实际开工和完成时间、施工单位以及工程量和资源量等详细信息。

9.3.3 与项目管理系统双向数据集成

在本项目中，4D 施工管理系统实现了与基于 BIM 的项目综合管理系统的双向数据集成。将 B/S 结构和 C/S 结构相结合，解决了信息填报及查询的即时轻量需求与 4D 施工管理及 BIM 数据集成巨量数据处理之间的矛盾，充分发挥基于 BIM 的项目综合管理系统信息填报与查询的优势，以及 4D 动态施工管理系统 4D 施工管理与施工 BIM 数据集成的优势，将 BIM 与 4D 技术更加深入的应用到工程施工中。

在实际应用中，4D 施工管理系统支持项目信息网络填报，便捷地实现远程填报信息与 4D 施工管理系统施工模拟相结合。同时，4D 施工管理系统可以自动将施工模拟结果推送到基于 BIM 的项目综合管理系统，方便总包方和项目甲方随时了解项目总体进展情况。图 9-11 所示为 4D 系统与 Web 双向集成参数设置。

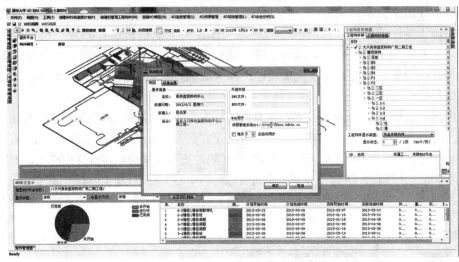

图 9-11　4D 系统与 Web 双向集成参数设置

9.3.4　WBS 过滤与进度分析

通过系统提供的 WBS 过滤功能，用户可只查看实际进度或计划进度，并可过滤施工段、关键路径等信息，方便用户查看工作进度。系统提供按工序、施工段、分部分项、关键工序为查询条件进行 WBS 过滤。此外，系统还提供精简、完整两种 WBS 显示方式，如图 9-12 所示。

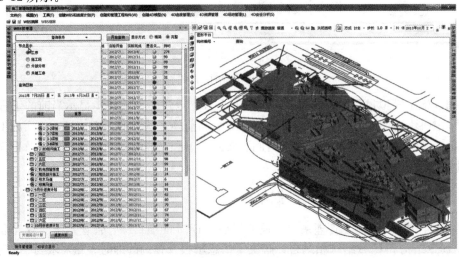

图 9-12　WBS 过滤功能演示

系统的进度分析可实现前置任务分析和任务滞后分析。其中，前置任务分析支持用户查询任意任务的所有前置任务信息，包括施工单位、任务完成情况等信息，通过前置任务分析可辅助多单位之间的交流与协作，防止返工、窝工等问题发生。图 9-13 所示为施工任务节点的前置任务分析。

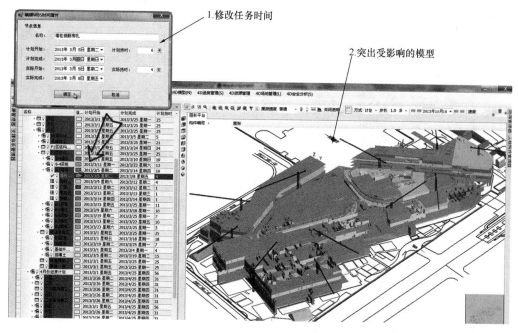

图 9-13　施工任务节点的前置任务分析

任务滞后分析主要用于当某一任务延误后，系统会自动分析后续任务受到影响，提醒管理者有针对性地管控进度，保证节点工期。图 9-14 所示为系统的施工进度滞后分析界面，图中红色所示 WBS 任务节点为滞后任务节点。

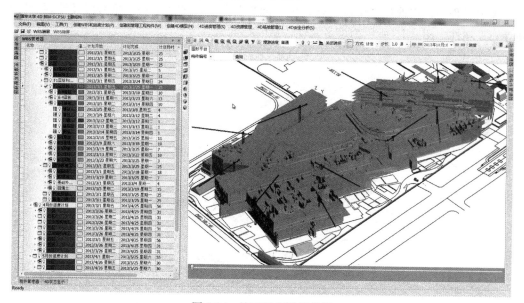

图 9-14　施工进度滞后分析

9.3.5 4D资源及场地管理

4D施工资源动态管理可以实现施工资源使用计划管理和资源用量动态查询与分析。其中，施工资源使用计划管理功能可以自动计算任意WBS节点日、周、月各项施工资源计划用量，以合理地安排施工人员的调配、工程材料的采购、大型机械设备进场的工作。施工资源动态查询与分析功能可以动态计算任意WBS节点任意时间段内的人力、材料、机械资源对于计划进度的预算用量、对于实际进度的预算用量以及实际消耗量，并对其用量进行对比和分析，如图9-15所示。

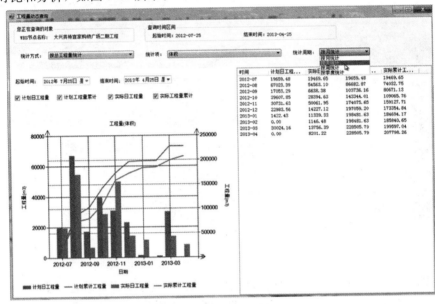

图9-15　施工资源动态查询与分析

施工过程中，点取任意设施实体，可查询其名称、标高、类型、型号以及计划设置时间等施工属性。图9-16所示为塔吊属性信息的查询与修改。

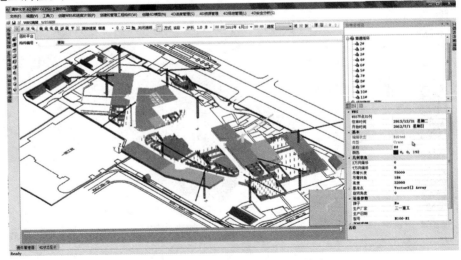

图9-16　塔吊属性信息的查询与修改

154

9.4 基于 BIM 的项目综合管理

该系统采用 B/S 架构，用户只需登录网页即可对项目进行轻量级的 4D 施工管理和日常项目管理。系统现有功能主要包括：施工进度管理、施工质量管理、施工工程量管理、OA 协同、收发文管理、合同管理、变更管理、支付管理、采购管理、安全管理等功能。

9.4.1 施工数据填报

施工数据填报功能主要用于填报项目各施工部位的进度及质量信息，通过该功能可以填报工程的实际进度信息，用于 4D 实际施工进度的模拟和工程完成信息的统计。图 9-17 所示为北京英特宜家购物中心工程 B3 层土建工程施工数据填报的页面。

图 9-17　B3 层土建施工数据填报

9.4.2 施工进度统计

施工进度统计功能可以实现对施工进度填报信息的自动统计，并可以通过工程报表的形式输出。图 9-18 所示为北京英特宜家购物中心工程施工进度统计及日报输出。

图 9-18　施工进度统计及日报输出

（a）B3 层土建工程施工进度统计；（b）施工项目工程日报

9.4.3 各施工部位 4D 形象进度查看

基于 BIM 的项目综合管理系统可以直接获取 4D 施工动态管理系统的各施工部位的 4D 形象进度截图。图 9-19 为北京英特宜家购物中心工程 B3 层土建工程的实际进度截图，右侧列表中显示了截图中标识的色块部位所表示的工序名称及施工区段名称。

图 9-19　B3 层宏观 4D 进度查询

9.4.4 施工质量管理

施工质量管理功能用于统计所有施工部位对于关键施工工序的质量验收情况，可查看底板验收情况统计、地下楼层的墙柱验收情况统计、地下楼层的梁板验收情况统计、地上楼层的墙柱验收情况统计、地上楼层的梁板验收情况统计。图 9-20 所示为北京英特宜家购物中心工程梁板验收情况统计。

9.4.5 施工工程量管理

施工工程量管理功能用于统计材料资源的使用情况，可查看钢筋、混凝土、多层板、方木、碗扣架、钢管、扣件、油托、砌块及钢结构的使用量情况。图 9-21 所示为北京英特宜家购物中心工程钢筋使用量统计情况。

9.4.6 收发文管理

收文处理功能分为外部转发、内部流转、收文审核及工作处理 4 个功能，用于管理从外部组织接收到的各类文件，如图 9-22 所示。外部转发功能相当于外部收文中转站，将

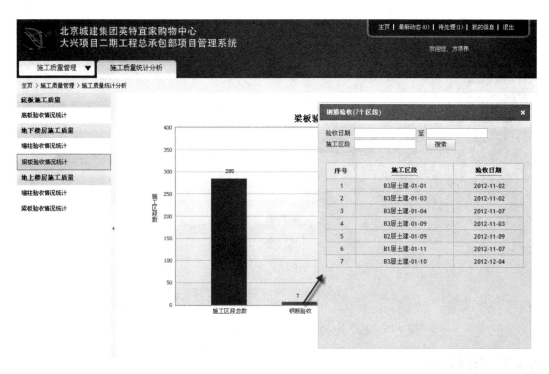

图 9-20　工程的梁板验收情况统计

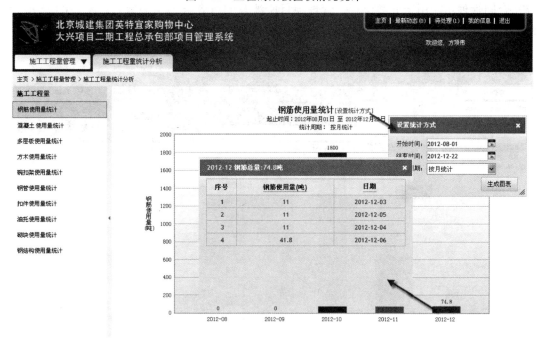

图 9-21　北京英特宜家购物中心工程的钢筋使用量统计

外部收文转给其他外部组织进行签收，不涉及收文审核的流程管理；内部流转功能需要对外部收文进行内部审核及处理的流程管理。

图 9-22　北京英特宜家购物中心工程的收发文管理页面

9.4.7　合同管理

合同管理功能用于分类保存、管理项目所涉及的所有合同相关信息。图 9-23 所示为北京英特宜家购物中心工程合同管理页面。

图 9-23　北京英特宜家购物中心工程合同管理页面

9.4.8 变更管理

变更管理功能用于分类保存、管理项目所涉及的各类合同变更相关信息，如图9-24所示。

图 9-24　北京英特宜家购物中心工程变更管理页面

9.4.9　OA协同管理

OA协同平台除主页外，按组织部门设置网站工作区，主要功能包括：图档管理、工作讨论区、会议管理、即时通信等功能，可以实现各部门的无纸化协同办公，如图9-25所示。

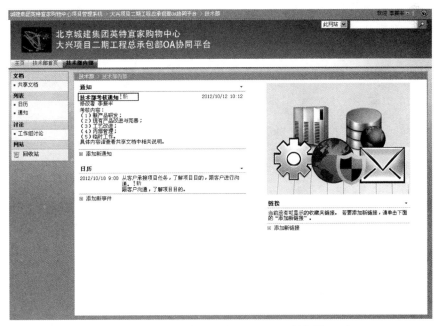

图 9-25　北京英特宜家购物中心工程 OA 协同管理页面

第五篇 专业应用篇

国家体育场、昆明新机场、北京英特宜家购物中心工程仅仅是 BIM 在我集团大型总承包工程应用的代表。此外，我们还在机电管线综合、钢结构深化设计、复杂工程放样、幕墙深化等方面对 BIM 技术进行了大量单项应用实践。本篇将对内蒙古科技馆、黑瞎子岛植物园、广州国际体育演艺中心 3 项工程的 BIM 专项应用情况进行介绍。

第 10 章　BIM 在大型施工总承包
工程中的专项应用

10.1　BIM 技术在复杂外幕墙施工中的应用

10.1.1　工程概况

内蒙古科技馆新馆工程位于内蒙古呼和浩特市新华东街北侧，总建筑面积 4.8 万 m²，建筑檐口高度 50.15m，地下 1 层，地上 3 层（局部 6 层），外形如飘动的哈达，如图 10-1 所示。该工程的幕墙总面积 6 万 m²，涵盖了铝板幕墙、玻璃幕墙、埃特板幕墙、草坡幕墙、球形彩釉玻璃幕墙等多种形式，深化设计和施工难度非常大。

图 10-1　内蒙古科技馆新馆幕墙工程建筑效果图

10.1.2　幕墙工程中的 BIM 应用

1. 异形曲面幕墙深化设计

根据设计单位提供的 CATIA 建筑模型（见图 10-2），将建筑外壳皮抽出来转换成 Rhino 模型，根据曲率的不同拆分成 9 个区域（A、B、C、D、E、F、G、H、J 区）。然后对曲面进行细部处理，得到龙骨的曲面模型。再将模型转换成 DXF 格式，导入 MIDAS 软件，读出每个点位的坐标。最后将 DXF 格式的文件提供给钢结构建模人员，与主体钢结构合并在一起，建立起屋面铝单板龙骨的三维实体模型，如图 10-3 所示。

本工程的铝屋面原设计为双曲铝板，我们根据三维模型，分析了各部位铝板的曲率，尽量用单曲板拟合双曲板，大大减少了双曲铝板的数量，节约了材料加工费用。对铝单板进行分析，由于铝单板为曲面造型，四点不共面，需要进行一点到另外三点组成的面的距

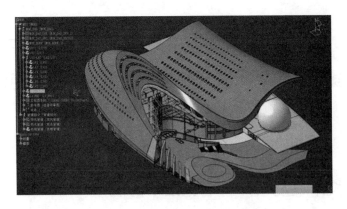

图 10-2　CATIA 中的建筑设计模型

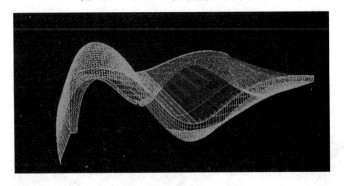

图 10-3　铝板屋面龙骨模型视图

离分析，距离超过 50mm 的要作为双曲面板下料。经过拟合，单曲板占总数的 75%，双曲板占 25%。

2. 复杂曲面的空间三维测控

本工程幕墙的表面复杂多变，由复杂的双曲面、圆弧面、三角形、棱形、多边面等多种曲面拼接而成。图 10-4 所示为 B 区马鞍形"山包"的屋面节点模型，该部分由 2142 个节点组成。如果采用传统的弧形建筑放线流程，不但内业计算繁琐，而且施工操作麻烦，极易出错。通过采用"计算机辅助三维空间坐标放样法"，利用 Rhino 和 AutoCAD 中建

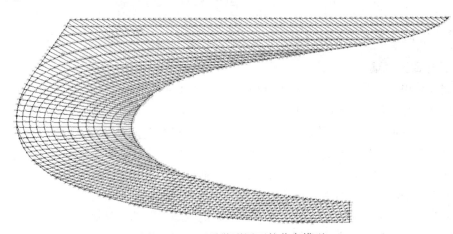

图 10-4　B 区马鞍形屋面的节点模型

立的幕墙模型，可以方便的提取幕墙曲面节点的空间坐标，再利用GPS配合全站仪实施现场测量放线。该方法具有测量精度高、速度快、内业计算量小等优点，还可以结合放样点坐标进行反验算，随时纠正偏差量。

3. 单元板现场拼装工艺分析

将悬挑部位按照三维模型进行分解，先将下部吊顶铝板分割为每单元4块板的小型单元体，单元大小约为4.6m×2.6m。并根据BIM模型转换的各个部位的三维定位坐标，现场测量员在操作平台架子上标识。

现场构件拼装工艺如下：

（1）安装施工时，采用单元体幕墙的安装方式，在地面按各部位拼装完毕后再进行整体吊装、拼接。

（2）施工时在地面采用钢管焊接制作拼装操作平台，用于骨架拼接以及安装面板。操作平台如图10-5所示。

（3）在支座立柱上水平方向根据放样三维坐标焊接角钢，用于支撑铝单板幕墙龙骨。

（4）骨架拼装时依据设计给出的坐标进行定位。完成后将板块骨架坐标全部满焊，板洞及接口部位需要进行临时加固处理（见图10-6）。临时加固的角钢、方管

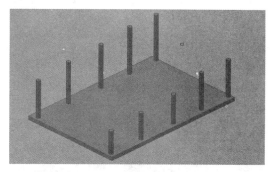

图10-5　拼装操作平台示意

等在板块与主钢梁以及周边板块连接后拆除。骨架拼装完成后按照铝板图纸编号将铝板安装驳接爪焊接在龙骨上，并安装铝单板。调整铝板角度以及平整度、缝隙。在铝板加劲肋的间隙铺设木板，防止碰伤划伤铝板。

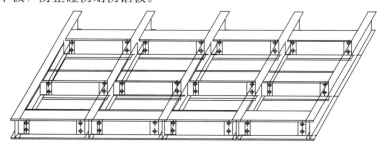

图10-6　骨架拼装单元体示意

10.1.3　应用总结

内蒙古科技馆新馆项目幕墙的施工过程中应用BIM技术起到了较好的应用效果，摸索和总结了一些经验以供探讨。

（1）采用BIM软件进行可视化设计，提高工作效率，实现设计阶段与施工阶段的数据共享，极大地节约了工期和施工成本。

（2）采用BIM强大的数据模型，在现场测量的数据提取和应用中提高了对于异形多曲面幕墙的施工测量工作的效率。

（3）依据于三维模型统计的铝板和玻璃的材料清单，更有益于提高加工和现场安装效率。

（4）直观的碰撞检查也避免了现场龙骨和钢结构的实际碰撞。

（5）与传统的平面设计相比较，综合的三维虚拟施工更有效地完成了节点设计和爪件的开发。

内蒙古科技馆新馆工程能够高效优质地完成，实现建筑设计意图，与应用 BIM 技术是密不可分的。内蒙古科技馆新馆外幕墙工程的一些施工经验也为今后异形多曲面幕墙的施工提供了一个成功的样本。

10.2　BIM 技术在黑瞎子岛植物园钢结构工程中的应用

10.2.1　工程概况

图 10-7　黑瞎子岛植物园工程建筑效果图

该工程位于黑龙江省抚远县黑瞎子岛主岛上，建筑面积 $17587m^2$，结构形式为大跨度单层网壳钢结构（见图 10-7）。其中，钢结构覆盖面积 $11098m^2$，钢结构用钢量 3800t，主体钢结构形似半椭圆形球体，建筑平面为半径 75m 的圆与多段圆弧相切形成的曲线，造型新颖。网壳结构（网壳杆件及管节点）用钢量为 2340t，材质为 Q345D，钢结构连接形式均为全焊接结构，等强连接的焊缝等级为二级，角焊缝为三级。钢结构防腐涂装要求为环氧富锌底漆，环氧云铁中间漆，钢结构作 1.5h 耐火的处理，采用超薄型防火涂料。

在这样特殊的气候、地理环境下进行钢结构工程专业施工具有一定的挑战性。

10.2.2　工程特点及难点

（1）工程所处地理纬度全国最高，只有一条公路通往 40 公里外的黑龙江省抚远县，行车线路中存在多处桥梁，部分公路桥梁允许承载仅为 30 吨，构件运输以及施工用的辅材、生活供给等都需要统筹管理。

（2）工程所在地区气候特殊，气候特点为冬季严寒，极端最低温度可达 $-39.5℃$，季节转换温度变幅大。每年仅 5～10 月为有效施工月份，年有效施工工期较短，施工降效明显。

（3）作为智能温室工程，其建设地点位于极寒地区，建成前后室内外温差梯度较大，对施工过程结构安全以及运维期结构安全都带来较大影响。

（4）本工程网格杆件为大尺寸矩形截面（□$600×200×12×24$），网格节点为圆管截面（$\phi600×16$），每个节点为六根杆件汇交，为全焊接节点，施工过程变形控制难度较大。

（5）构件加工制作难度大。内环圈梁及边梁均为双向弯扭构件，且网格节点为多向杆件汇交，加工制作难度大，加工精度要求较高。

（6）构件类型较多，难以形成规律的杆件，现场安装难度大。网壳结构兼具网格和壳体的特点，能够很好实现设计对造型的要求，但网格杆件高空多杆件汇交，高空对接控制难度较大；球面与多段圆弧相切形成的弯扭空间曲线，安装测量难度大，现场安装的精度要求高；内庭钢柱呈倾斜状，与内圈梁对接安装及固定时难度都比较大。

10.2.3　BIM 技术在钢结构施工中的应用

1. 结构全过程施工仿真分析

为了获取钢结构在整个施工过程中的受力情况，需要对结构进行全过程施工仿真分析。结构全过程施工仿真分析是一种特殊的非线性静力分析，它以上一施工阶段在结构自重荷载作用下的变形而引起的结构刚度变化为前提分析条件，进行下一施工阶段的非线性静力分析。由此得出的结构最终杆件内力、变形情况与整体结构非线性分析得出的结果不同，其杆件内力大部分会更趋均匀，但变形会更大，更接近实际受力情况，目前大多数工程采用此种方法进行分析。本工程中采用 MIDAS 软件进行了内环梁合龙前、两翼网壳杆件安装完成、网壳合龙、脚手架拆除等关键节点进行结构安全仿真分析，图 10-8 所示为钢结构合龙前结构内力分布及节点应力比分布情况。

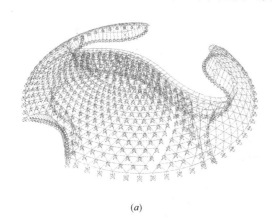

(*a*)

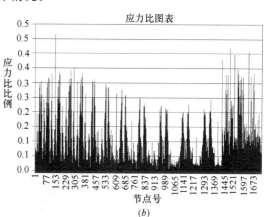

(*b*)

图 10-8　钢结构合龙前结构内力分布及节点应力比分布情况
(*a*) 钢结构内力分布图；(*b*) 各节点应力比分布情况

2. 施工方案分析与比选

本工程的设计单位在结构设计中采用 Revit Structure 软件进行设计与出图，三维表达更直观，更清晰，为我们前期方案编制提供了方便，使我们能够直观分析整个结构形式，对整个钢结构的施工分段以及杆件划分带来极大的便利，成为编制施工方案和详图设计并进行技术经济分析和方案比选的有力工具。

（1）通过对模型的分析，确定总体的施工顺序为：平面施工顺序为先内环后外环，立面施工顺序为先支承体系后屋面网壳体系，网壳体系安装为先中心、后两边，先经线后纬线、先高后低，散件跟进（次构件进行补空）的施工方法（见图 10-9）。

（2）通过对模型的分析，根据钢网格结构形式及特点，综合塔吊的平面位置、运输条件（超长、超宽及超高限制）、安装控制等因素，最终确定主杆件的划分为 3 杆 3 球，而非初步考虑的三角形分块的方式，使在吊次基本相同的情况下，大大提高了运输和安装的

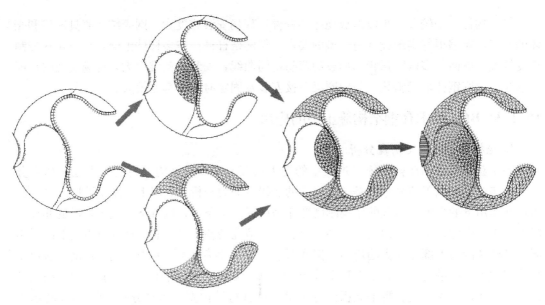

图 10-9　整体施工顺序排布图

效率。

3. 钢结构深化设计

在钢结构深化设计中，为实现复杂空间曲面快速建模，我们在 TEKLA 基础上开发了 3DW ARP FOR TEKLAS TRUCTURES V1. 0 软件，可实现空间任意曲面的建模、展开等功能。该软件的基本原理是将构件无限细分，每一小单元均当作平面直线构件，便于 TEKLA 处理，再赋予角度、断面规格等信息，最终得到精确的 3D 模型。将单线模型经软件处理并导入 TEKLA 后得到模型，如图 10-10 所示。

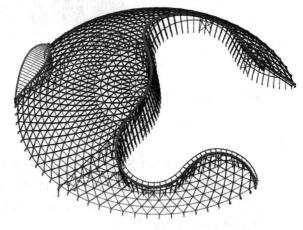

图 10-10　在 TEKLA 中建立的钢结构深化设计模型

4. 构件加工图纸生成

对钢结构加工厂而言，钢结构加工图不仅需要构件的详细尺寸，同时也需要构件的展开图，我们开发的钢结构深化设计软件具备复杂钢构件的展开功能，构件展开的原理是将建模时无限细分的小单元在平面上按相互位置关系顺序排列，得到钢构件的展开图，如图 10-11 所示。

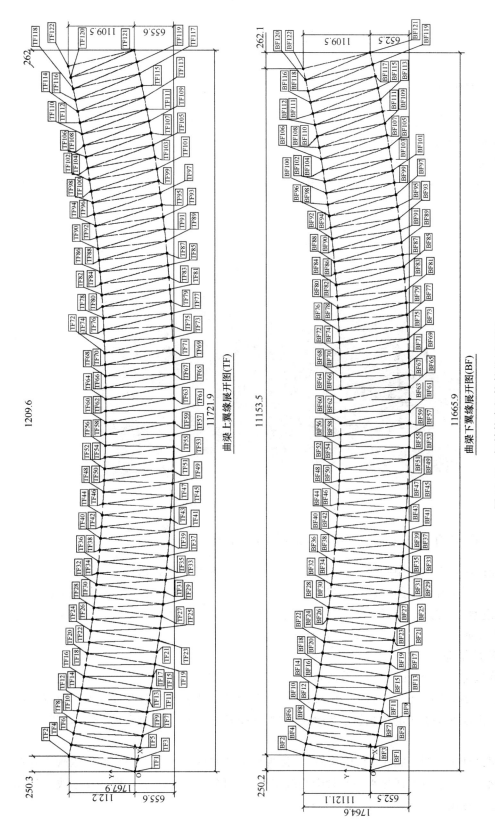

图 10-11　钢结构弯扭构件的展开图

10.3 BIM 技术在机电安装工程中的应用

10.3.1 工程概况

广州国际体育演艺中心工程位于广州市萝岗中心区的南部，地下 1 层，地上 4 层，工程总建筑面积约为 12 万 m² （图 10-12）。机电安装工程包含了通风空调、给水排水、建筑电气等专业的 35 个专业系统的施工。机电系统管线复杂，对综合管线的布置的合理性要求很高。该工程采用 BIM 软件搭建机电建筑信息模型。保证了工期，降低了成本，获得了良好的社会经济效益。

图 10-12　广州国际体育演艺中心建筑外观

10.3.2 BIM 在地下一层综合管线布置中的应用

广州国际体育演艺中心地下一层有 1 个冷冻机房、8 个空调机房。设备种类繁多、管道错综复杂，工程管线的合理布置就成为了一大难题。我们用 MagiCAD 软件建立机电设备 BIM 模型，如图 10-13 所示。通过管线综合和碰撞检测，对存在碰撞的管道位置进行调整，为实际安装施工节约了大量时间和材料。

1. 冷冻机房

冷冻机房是整个暖通空调系统的核心，本工程的冷冻机房中包含：5 台水冷离心式冷水机组、5 台冷却水泵、5 台冷冻水泵、4 台供暖水泵、4 套水处理设备、1 套旁流过滤器、3 套自动补水排气定压装置、2 台水-水板式换热器。机房整体建模效果如图 10-14 所示。

按照设计施工图纸完成 BIM 建模后，发现生活热水回水管与空调热水回水管之间存在碰撞交叉。通过将生活热水回水管中心线水平向北移动 560mm 后，便成功解决了碰撞交叉问题（见图 10-15）。

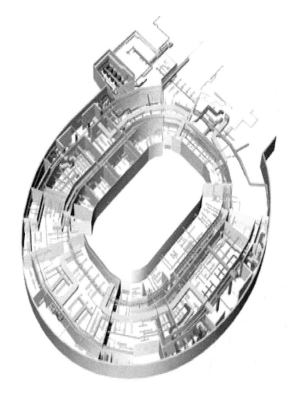

图 10-13　地下一层机电管线建模整体效果

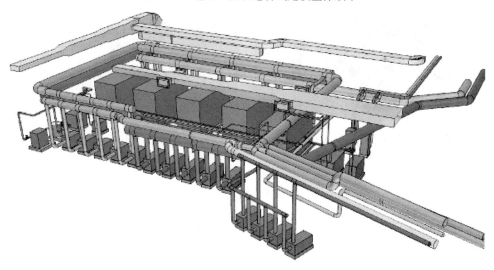

图 10-14　冷冻机房整体建模效果

2. 空调机房

地下一层共有 8 个空调机房，空调机房中共有 23 台空调机组及新风机组。根据空调机组厂家提供的机组实际尺寸，发现机组之间空间比较狭小，对工程管线布置的合理性要求很高。本项目通过空调机房 BIM 模型的搭建，实现了机房设备、管线的虚拟排布，提高了空调机房深化设计水平。图 10-16 所示为 B 区空调机房的排布后的 BIM 模型。

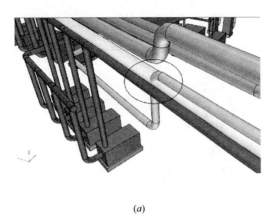 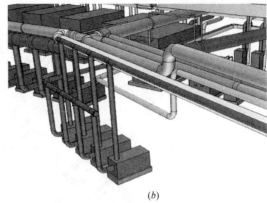

(a)   (b)

图 10-15　设备管线碰撞检测及调整

(a) 模型调整前；(b) 模型调整后

10.3.3　基于 BIM 的施工样板段的搭建

地下一层某走道作为机电安装综合管道布置的样板段。样板段各专业管线从上到下分为 3 层：电气线槽和给水排水管道、空调水管及排烟风管、空调新风管和消防水管。通过搭建施工样板段的 BIM 模型，实现了管线排布的优化设计，如图 10-17 所示。

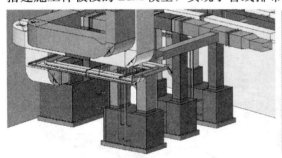 

图 10-16　B 区空调机房机电设备排布效果　　　　图 10-17　某走道施工样板段管线排布优化设计

参 考 文 献

［1］ 李久林，杨庆德，等. 织梦筑鸟巢 国家体育场一工程篇[M]. 北京：中国建筑工业出版社，2009.

［2］ Eastman C，Teicholz P，Sacks R，et al. BIM handbook：A guide to Building Information Modeling for owners，managers，designers，engineers，and contractors（second edition）[M]. John Wiley & Sons，Inc.，2011：20-30.

［3］ Li Jiulin，Qiu Delong，Yang Qingde，etc. Construction Technologies of the National Stadium(Bird's Nest)[C]. Proceeding of Shanghai International Conference on Technology of Architecture and Structure，2009.

［4］ Li Jiulin，Yang Qingde，Tang Jie，etc. Research on Key Technologies of Concrete Structure 100-Year Durability of the National Stadium for Beijing 2008 Olympic Games[C]. Proceeding of Shanghai International Conference on Technology of Architecture and Structure，2009.

［5］ Li Jiulin，Zhang Jianping，Ma Zhiliang，etc. Construction Information Management for the General Contractor of the National Stadium Project[C]. Proceeding of Shanghai International Conference on Technology of Architecture and Structure，2009.

［6］ 李久林，高树栋，邱德隆，李文标，万里程，魏义进，陈桥生. 国家体育场钢结构施工关键技术[J]. 施工技术，2006，12：14-19.

［7］ 郭彦林，郭宇飞，高巍，刘学武，李久林. 国家体育场钢结构屋盖落架过程模拟分析[J]. 施工技术，2006，12：36-40＋73.

［8］ 李兴钢. 新理念、新材料、新技术、新方法在国家体育场设计中的运用[J]. 建筑创作，2007，07：68-83.

［9］ 高树栋，李久林，邱德隆. 国家体育场(鸟巢)工程主钢结构吊装技术[J]. 建筑技术，2007，07：488-495.

［10］ 高树栋，李久林，邱德隆，陈桥生，魏义进，郝彤途. 国家体育场钢结构合龙施工技术研究[J]. 建筑技术，2007，07：499-501.

［11］ 李久林，张建平，马智亮，王大勇，卢伟. 国家体育场(鸟巢)总承包施工信息化管理[J]. 建筑技术，2013，10：874-876.

［12］ 蒋勤俭，陶梦兰，尤天直，谭泽阳. 国家体育场清水混凝土预制看台设计、制作及安装技术[J]. 建筑技术，2009，05：391-398.

［13］ 高树栋，李久林，邱德隆，张文英，魏涛. 国家体育场(鸟巢)PTFE膜结构关键施工技术[J]. 建筑技术，2010，10：932-936.

［14］ 马书英，张凯，朱祥顶. 国家体育场"鸟巢"支撑塔架施工测量[J]. 测绘科学，2010，06：265-266.

［15］ 周永明，蒋良君，丁建强，甘国军，李水明. 国家体育场大型空间箱形截面扭曲构件的加工技术[A]. 2008年全国建筑钢结构行业大会论文集. 2008.7.

［16］ 解彦辉，赵卫东，黄健，郭春雨. 信息化技术在国家体育场工程施工中的应用[A]. 计算机技术在工程建设中的应用——第十二届全国工程建设计算机应用学术会议论文集. 2004.6.

［17］ 蔡亚宁. 国家体育场工程清水混凝土看台板安装技术研究[J]. 混凝土，2011，01：116-121＋127.

[18] 李久林，张颖. 国家体育场(鸟巢)施工科技创新[A]. 第十届中国科协年会论文集(四)，2008.4.

[19] 张建平，韩冰，李久林，卢伟. 建筑施工现场的 4D 可视化管理[J]. 施工技术，2006，10：36-38 +62.

[20] 李久林，王大勇. 国家体育场：筑"巢"信息化[J]. 建设科技，2005，10：34-35.

[21] Hu Zhenzhong, Zhang Jianping. BIM-and-4D-Based Integrated Solution of Analysis and Management for Conflicts and Structural Safety Problems during Construction：2. Development and Site Trials [J]. Automation in Construction. 2011，20：167-180.

[22] Zhang Jianping, Hu Zhenzhong. BIM-and-4D-Based Integrated Solution of Analysis and Management for Conflicts and Structural Safety Problems during Construction：1. Principles and Methodologies [J]. Automation in Construction. 2011，20：155-166.

[23] Ming Lu, Yang Zhang, Jianping Zhang, Zhenzhong Hu, Jiulin Li. Integration of four-dimensional computer-aided design modeling and three dimensional animation of operations simulation for visualizing construction of the main stadium for the Beijing 2008 Olympic Games[J]. Canadian Journal of Civil Engineering, 2009, 36：1-7.

[24] 张建平，曹铭，张洋. 基于 IFC 标准和工程信息模型的建筑施工 4D 管理系统[J]. 工程力学，2005，S1：220-227.

[25] 张建平，王洪钧. 建筑施工 4D～(++)模型与 4D 项目管理系统的研究[J]. 土木工程学报，2003，03：70-78.

[26] 胡振中，张建平，张新. 基于四维时空模型的施工现场物理碰撞检测[J]. 清华大学学报(自然科学版)，2010，06：820-825.

[27] 张建平，胡振中. 基于 4D 技术的施工期建筑结构安全分析研究[J]. 工程力学，2008，S2：204-212.

[28] 张建平，胡振中，王勇. 基于 4D 信息模型的施工冲突分析与管理[J]. 施工技术，2009，08：115-119.

[29] Ma Zhiliang, Li Heng and Yang Jun. Using XML to support information exchange in construction projects[J]. Automation in Construction. 2004，13(5)：491-506.

[30] 王勇，张建平，胡振中. 建筑施工 IFC 数据描述标准的研究[J]. 土木建筑工程信息技术，2011，3 (4)：9-15.

[31] 马智亮，秦亮，任强. 建筑施工项目信息化管理系统框架[J]. 土木工程学报，2006，01：103-107 +121.

[32] Ma Zhiliang, Wong K. D., Li Heng and Yang Jun. Utilizing exchanged documents for decision support in construction projects based on data warehousing techniques[J]. Automation in Construction，2005，14(3)：405-412.

[33] 马智亮，罗小春，李志新. 基于万维网的工程项目管理系统综述[J]. 土木工程学报，2006，10：117-121+126.

[34] Ma Zhiliang, Yang Jun, Yoshito I. Information reuse mechanism for a management information system：EPIMS[J]. Advances in Building Technology, 2002：1543-1550.

[35] 马智亮，陈耀庭. 分布式工程项目图档协同工作系统建模及优化[J]. 土木建筑工程信息技术，2009，01：1-6.

[36] 郭春雨. 基于 Intranet/Internet 的项目管理信息系统[J]. 施工技术，2003，12：4-6.

[37] 郭春雨，惠跃荣，董智力，陈岱林. 工程项目信息化解决方法——《施工项目管理软件集成系统》简介[J]. 建筑，2003，05：68-69.

[38] 张建平，李丁，林佳瑞，颜钢文. BIM 在工程施工中的应用[J]. 施工技术，2012，16：10-17.

［39］ 颜钢文，徐亮，丛桂杰. 特大型机场航站楼桥架及电缆分配装置施工技术［J］. 建筑技术，2013，07：619-623.

［40］ 张建平，梁雄，刘强，王修昌，王阳利. 基于 BIM 的工程项目管理系统及其应用［J］. 土木建筑工程信息技术，2012，04：1-6.

［41］ 张建平，范喆，王阳利，黄志刚. 基于 4D-BIM 的施工资源动态管理与成本实时监控［J］. 施工技术，2011，04：37-40.

［42］ 史育童，方项伟，谢会雪. BIM 技术在某大型商业综合中心工程中的应用［J］. 建筑技术，2013，10：898-900.

［43］ 傅绍辉. 结构成就建筑之美——内蒙古科技馆新馆［J］. 建筑技艺，2013，05：150-155.

［44］ 苏昶，王万平，苏骏. 基于 BIM 的可持续设计在黑瞎子岛植物园项目中的创新实践［J］. 土木建筑工程信息技术，2012，01：87-93.

［45］ 董晓毅. 广州国际体育演艺中心的设计及建设实践［D］. 华南理工大学，2011.

［46］ 曹旭明，张士彤. BIM 技术在机电施工阶段的应用［J］. 建筑技术，2013，（10）.

［47］ 曹旭明. 广州国际体育演艺中心机电安装工程三维制图技术的应用［J］. 安装，2011，（9）.